Mr. Know All
从这里，发现更宽广的世界……

Mr. Know All

小书虫读科学

Mr. Know All

十万个为什么
塔里的秘密

《指尖上的探索》编委会 组织编写

小书虫读科学
THE BIG BOOK OF
TELL ME WHY

作家出版社

策划出品 悦读名品　图片服务 悦读名品 123RF

塔是一种常见的、有着特定形式和风格的传统建筑。它承载着纵横古今的历史，有着岁月沉淀的故事。塔里蕴含的宗教、历史、哲学和美学等文化元素是解读文明和文化的重要媒介。本书针对青少年读者设计，图文并茂地介绍了形态万千的塔、塔的建造、塔的用途和保护、中国名塔博览、国外名塔荟萃这五部分内容。塔里究竟有什么秘密呢？阅读本书，读者可以自己探索出答案。

图书在版编目（CIP）数据

塔里的秘密/《指尖上的探索》编委会编．－－
北京：作家出版社，2015.11
（小书虫读科学．十万个为什么）
ISBN 978-7-5063-8557-2

Ⅰ.①塔… Ⅱ.①指… Ⅲ.①塔—青少年读物
Ⅳ.①TU761.3-49

中国版本图书馆CIP数据核字（2015）第278781号

塔里的秘密

作　　者	《指尖上的探索》编委会
责任编辑	王　炘
装帧设计	北京高高国际文化传媒
出版发行	作家出版社
社　　址	北京农展馆南里10号　邮　编 100125
电话传真	86-10-65930756（出版发行部）
	86-10-65004079（总编室）
	86-10-65015116（邮购部）
E-mail	zuojia@zuojia.net.cn
http://www.haozuojia.com（作家在线）
印　　刷	北京盛源印刷有限公司
成品尺寸	163×210
字　　数	170千
印　　张	10.5
版　　次	2016年1月第1版
印　　次	2016年1月第1次印刷
ISBN 978-7-5063-8557-2
定　　价	29.80元

作家版图书　版权所有　侵权必究
作家版图书　印装错误可随时退换

Mr. Know All
指尖上的探索 编委会

编委会顾问

戚发轫　国际宇航科学院院士　中国工程院院士
刘嘉麒　中国科学院院士　中国科普作家协会理事长
朱永新　中国教育学会副会长
俸培宗　中国出版协会科技出版工作委员会主任

编委会主任

胡志强　中国科学院大学博士生导师

编委会委员（以姓氏笔画为序）

王小东	北方交通大学附属小学	张良驯	中国青少年研究中心
王开东	张家港外国语学校	张培华	北京市东城区史家胡同小学
王思锦	北京市海淀区教育研修中心	林秋雁	中国科学院大学
王素英	北京市朝阳区教育研修中心	周伟斌	化学工业出版社
石顺科	中国科普作家协会	赵文喆	北京师范大学实验小学
史建华	北京市少年宫	赵立新	中国科普研究所
吕惠民	宋庆龄基金会	骆桂明	中国图书馆学会中小学图书馆委员会
刘兵	清华大学	袁卫星	江苏省苏州市教师发展中心
刘兴诗	中国科普作家协会	贾欣	北京市教育科学研究院
刘育新	科技日报社	徐岩	北京市东城区府学胡同小学
李玉先	教育部教育装备研究与发展中心	高晓颖	北京市顺义区教育研修中心
吴岩	北京师范大学	覃祖军	北京教育网络和信息中心
张文虎	化学工业出版社	路虹剑	北京市东城区教育研修中心

第一章 形态万千的塔

1. 塔是什么 /2
2. 中国塔的建筑形制是怎么来的 /3
3. 中国塔的基本演进过程是怎样的 /4
4. 塔在当代有什么变化 /5
5. 塔是如何进行分类的 /6
6. 用土造的塔结实吗 /7
7. 哪种材料造的塔最多 /8
8. 石材适合建造塔吗 /9
9. 琉璃塔是用什么建造的 /10
10. 哪些塔是用铜建造的 /11
11. 铁塔经历了怎样的发展历程 /12
12. 有贵重金属制造的塔吗 /13
13. 楼阁式塔是什么样式的 /14
14. 塔可以造得和亭子一样吗 /15
15. 密檐式塔和楼阁式塔有什么关系 /16
16. 经幢式塔的名字是怎么来的 /18
17. 常见的金刚宝座式塔有哪些 /19
18. 为什么过街式塔保留下来的很少 /20
19. 花塔和花有什么关系 /21

20. 宝箧印塔有什么特别之处 /22
21. 喇嘛塔是如何排列的 /23
22. 舍利塔中究竟放的是什么 /24
23. 塔林都存在于哪些地方 /25

第二章 塔的建造

24. 塔一般都建在什么地方 /28
25. 塔的层数为什么都是奇数 /29
26. 塔的地宫作用是什么 /30
27. 塔基可以分为哪几个部分 /31
28. 塔身是指塔的什么部分 /32
29. 塔刹是什么 /33
30. 塔的装饰有哪些 /34
31. 塔上的雕刻有什么内容 /36
32. 壶门是什么 /37
33. 塔都是什么颜色的 /38
34. 塔中的文字装饰有哪些形式 /39
35. 塔上为什么要放塔铃 /40
36. 塔楼和塔有什么关系 /41

第三章 塔的用途和保护

37. 塔在排列方面有什么讲究 /44
38. 塔可以作为墓碑吗 /45
39. 为什么人会对塔有崇拜之情 /46
40. 塔中储藏有宝物吗 /47
41. 塔在交通中的作用是什么 /48
42. 为什么塔有军事用途 /49
43. 著名旅游景点的塔有哪些 /50
44. 跳伞塔是用来干什么的 /52
45. 电视塔只能用来发射电视信号吗 /53
46. 塔能制冷吗 /54
47. 塔是怎么储水和排水的 /55
48. 如何保护塔免遭地震的破坏 /56
49. 风化剥蚀对塔有什么影响 /57
50. 雷电为什么会破坏塔 /58
51. 为什么火灾对塔的危害会很大 /59

第四章 中国名塔博览

52. 琉璃塔缘何"七彩飞虹" /62
53. 为什么嵩岳寺塔被称为"塔中之塔" /63
54. 为什么千寻塔有蛙声回音 /64
55. 为什么释迦塔被称为"艺术宝库" /66

56. 为什么说"不到大雁塔,不算到西安" /67
57. 二七纪念塔是为了纪念什么 /68
58. 飞英塔为何被称为"塔中塔" /69
59. 千年虎丘斜塔为何不倒 /70
60. 哪座古塔被誉为"吴中第一古刹" /71
61. 开封铁塔是铁造的吗 /72
62. 为什么白塔是北京"三海"之首 /73
63. "真人塔"与常见佛塔有何不同 /74
64. 塔尔寺塔有什么艺术特点 /75
65. 为什么曼飞龙塔被称为"笋塔" /76
66. 为什么崇圣寺三塔是"文献名邦"的象征 /77
67. 为什么辽宁前卫斜塔被誉为世界第一斜塔 /78
68. 哪座塔是中国现存最高的佛塔 /79
69. 中国现存最大的喇嘛塔是什么 /80
70. 中国现存最大的陶塔是什么 /81
71. 中国最大的塔林在哪儿 /82
72. 世界最小的塔是什么 /83
73. 世界最早的斜塔是哪一座 /84
74. 世界最瘦的塔是哪一座 /85

第五章　国外名塔荟萃

75. 比萨斜塔为什么斜而不倒 /88
76. 为什么埃菲尔铁塔被称为法国人的"铁娘子" /90

77. 藏在中美洲金字塔里面的秘密是什么 /91
78. 菩提伽耶大塔的由来是什么 /92
79. 为什么伦敦塔是女王陛下的宫殿与城堡 /93
80. 大本钟塔的钟声为谁敲响 /94
81. 自由纪念塔对于伊朗人有什么特别意义 /96
82. 为什么柬埔寨国旗上绘有吴哥窟的造型 /97
83. 悉尼的游客选择悉尼塔参观用餐的原因是什么 /98
84. 为什么郑王塔被称为"泰国的埃菲尔铁塔" /100
85. 南亚第一高塔与通信业有什么关系 /101

86. 涡石灯塔在海里的礁石上观望什么 /102
87. 埃及亚历山大灯塔的火焰为什么燃烧了千年而不熄 /103
88. 为什么方尖塔被当作太阳神的象征 /104
89. 美国纽约自由塔的前世与今生有着怎样的故事 /105
90. 为什么缅甸仰光金塔被称为世界最贵的塔 /106
91. 胡夫金字塔有着怎样的未解之谜 /107
92. 科威特水塔的奇异之处在哪里 /108
93. 乌尔姆大教堂钟塔有什么奥秘 /109
94. 威尔逊天文台太阳塔与海耳望远镜有什么渊源 /110

互动问答 /111

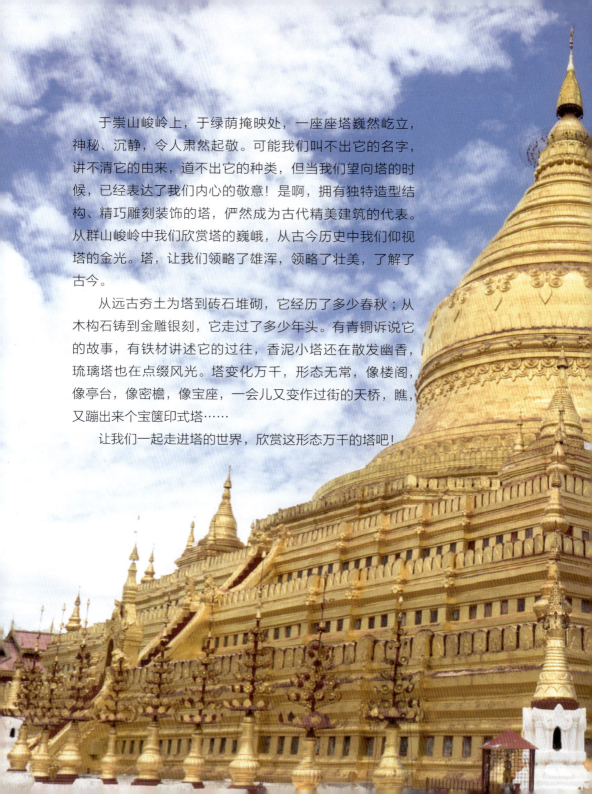

　　于崇山峻岭上，于绿荫掩映处，一座座塔巍然屹立，神秘、沉静，令人肃然起敬。可能我们叫不出它的名字，讲不清它的由来，道不出它的种类，但当我们望向塔的时候，已经表达了我们内心的敬意！是啊，拥有独特造型结构、精巧雕刻装饰的塔，俨然成为古代精美建筑的代表。从群山峻岭中我们欣赏塔的巍峨，从古今历史中我们仰视塔的金光。塔，让我们领略了雄浑，领略了壮美，了解了古今。

　　从远古夯土为塔到砖石堆砌，它经历了多少春秋；从木构石铸到金雕银刻，它走过了多少年头。有青铜诉说它的故事，有铁材讲述它的过往，香泥小塔还在散发幽香，琉璃塔也在点缀风光。塔变化万千，形态无常，像楼阁，像亭台，像密檐，像宝座，一会儿又变作过街的天桥，瞧，又蹦出来个宝箧印式塔……

　　让我们一起走进塔的世界，欣赏这形态万千的塔吧！

第一章 形态万千的塔

1. 塔是什么

塔是什么？塔其实多种多样，生活中有很多关于塔的物体。仔细分析，"塔"有三种情形。塔原先是佛教特有的一种高耸的建筑物，尖顶，多层。塔和塔的形状有圆形、多角形，一般用来藏舍利、经卷等。后来像塔形的建筑物或器物在名称上也加上了"塔"，如水塔、灯塔、纪念塔、塔楼等。而"象牙塔""巴别塔"并不存在于真实生活中，只是具有文化寓意，如"象牙塔"被用来指脱离现实生活的文学家和艺术家的小天地。

塔的意义有很多，而我们在生活中常常说的塔指的是那些实实在在存在的塔，如比较有名的大理千寻塔、西安大雁塔、开封铁塔等。它们通常有着特定的建筑形式和建筑风格。14世纪以后，塔的建筑形式逐渐在中国社会被推广开来，出现了有着不同作用和建筑目的的塔，如用以祈祷文昌运盛的文峰塔。在东方文明中，塔不仅是一种建筑，而且蕴含着宗教、历史、哲学和美学等诸多文化元素，成为探索和解读文明的重要媒介。

当然塔并不是东方的专属，世界各地都有很多著名的塔，如法国的埃菲尔铁塔、意大利的比萨斜塔和埃及的胡夫金字塔等。它们不仅是举世闻名的建筑，也是世界文明的组成部分。

文峰塔

水塔

埃菲尔铁塔

印度窣堵坡

滕王阁

中国传统建筑楼阁

2. 中国塔的建筑形制是怎么来的

塔在梵文中的意思是坟冢,这种建筑物最初起源于印度。公元前3世纪中期,"建塔之风"在印度达到了鼎盛时期。当时的统治者阿育王立佛教为国教,并下令在他所统治的84个小邦国内大建寺庙和塔建筑。中国古代一度在很多地方都兴起过建塔的风潮。中国在隋唐时期,翻译家创造了"塔"这个词,才有汉语"塔"的称呼并沿用至今。

中国的塔建筑形制主要有两个重大源头,一个是印度的窣堵坡;另一个是中国的传统建筑楼阁。窣堵坡也叫桑奇窣堵坡,是一种在印度、巴基斯坦、尼泊尔等南亚和东南亚国家十分常见的建筑形式,最初的建造目的是为了保存或安放释迦牟尼的舍利。如今的印度依然还存有阿育王时期修建的窣堵坡。楼阁,又名重楼,是中国一种传统的建筑样式。中国早在先秦时期就已经出现了楼阁,到了汉代,有的城楼甚至可以修建到三层高。现存的比较有名的楼阁有湖北武汉的黄鹤楼、湖南岳阳的岳阳楼和江西南昌的滕王阁,并称"江南三大名楼"。这两种建筑形制在中国得到相互融合,形成了中国特色的木结构楼阁式塔建筑。后来这种塔建筑在不断改进自身缺陷的发展过程中又形成了密檐式塔,著名的西安小雁塔和北京天宁寺塔就是这类建筑的典型代表。

从塔的两大源头中我们不难看出中国塔建筑是文化交流的产物,不同地区之间文化的交流和碰撞会给这个世界带来巨大的变化。

西藏喇嘛塔

道教古塔

3.中国塔的基本演进过程是怎样的

塔建筑源自于印度的窣堵坡，一般被翻译为浮屠。"救人一命胜造七级浮屠"中的"七级浮屠"就是指七层佛塔，这里的"浮屠"就是佛塔的意思。"塔"这个词是在翻译过程中创造出来的。塔的发音源于梵文"布达"的音韵，字形是结合中文的偏旁"土"，体现了埋藏的意思。

塔传入中国后很快与中国传统的建筑楼阁相结合，形成了楼阁式塔这种新的建筑形式。遗憾的是这种塔存在着明显的缺陷，首先是它采用木质结构容易腐烂，其次是它受天气影响比较大，于是慢慢地又演化出了密檐式这一类抗腐蚀性较强的塔。东汉时期各地就开始建塔了，例如当时的建业（今江苏南京）和疏勒（今新疆喀什），至今我们依然可以找到一些它们的遗迹。随着塔建筑在中国的发展，道教也建制塔建筑，出现了一些道教古塔，如北京白云观的罗公塔、敦煌的道士塔等。后来塔的建筑形式进入普通人的日常生活中，出现了诸如观景塔、文昌塔等目的和作用不同的塔。

4. 塔在当代有什么变化

东汉至今，塔在中国有2000多年的历史了，但是塔作为一种建筑物不仅没有湮没在历史的长河之中，反而随着时代变化而发展并与时俱进。如今，塔在当代社会已经发生了翻天覆地的变化，不管是外形还是功能用途都有了明显的改观。现代社会繁衍出来的"新兴塔"有电视塔、通信塔、观光塔、气象塔和避雷塔等。

电视塔是一种用来发射广播电视信号的建筑，我们平时所看电视的信号就是由这里发射出来的，如东方明珠电视塔，这座塔是上海的标志性建筑。通信塔和电视塔有些相似，也是用来发射信号的，不过通信塔发射的信号是用于移动、联通、交通卫星定位等部门。观光塔相信大家不会感到陌生，它是一种具有吸引游客作用的高塔，常见于市区等繁华地段。观光塔和古塔的结构不太相同，古塔采用的是中国古代的建筑技术和建筑样式；而观光塔则是现代技术的融合，塔内设置有电梯、餐厅、眺望台等。气象塔的作用是观测大气边界层的气象要素，从而帮助我们预测未来的天气。避雷塔则可以吸引雷电的"注意"，帮助人们避免雷电的袭击。

塔在当代社会发挥着重要作用，在未来的生活中必然更加熠熠生辉。

气象塔

电视塔

5.塔是如何进行分类的

我们可以根据塔的样式、建筑材料、排列位置和所纳藏的物品来区分。

塔的样式指的是塔的外形，如楼阁式塔、覆钵式塔和金刚宝座塔。顾名思义，楼阁式塔就是仿造楼阁造型建造的塔，形状外观和楼阁相似，其他样式亦然。根据所用的材料分类，用木材搭建的叫木塔，用砖搭的叫砖塔，用铜搭建的叫铜塔。显通寺铜塔是现存最古老的铜塔，可以说是塔中的活化石。根据排列位置，塔可以分为孤立式塔、对立式塔、排立式塔、方立式塔等。而舍利塔、发塔、衣塔、爪塔、牙塔、真身塔则是依据塔里所纳藏的物品来分类的。除此之外，还有一些其他的分类方式，不再一一细说。

你一定会好奇，为什么要对塔进行分类呢？其实对塔进行分类是很有必要的，因为随着塔不断地发展，塔的种类越来越多，单一的分类方法已经无法满足人们的认知要求了。为了方便人们称呼和记忆塔，才诞生了这么多种的分类方法，也正是因为有了这么多种的分类方法，人们才更加方便地去了解塔、研究塔。

密檐式塔

舍利塔

铜塔

西夏王陵

6.用土造的塔结实吗

我们一般把用土搭建的建筑叫作夯土建筑，这是中国建筑史上早期的一种建筑形式，有关记载最早可以追溯到黄帝时期。据河北省《涿鹿县志》记载，黄帝为瞭望敌情和指挥作战，曾在黄帝城东南侧建一土塔。土塔从样式上讲属于覆钵式塔，搭建过程中往往是就地取材，这样做不仅缩短了工期，而且节约了建筑成本。虽然塔是用土搭建的，但是你大可不必担心它的坚固性，因为它是通过将泥块中的空隙夯实来变得结实的，是土质中较为坚固的搭建方法。由于塔一般都要建得高而细，夯土的力学特性并不能很好地满足这一要求，并且易受到气候条件的影响，这使得本身就不能承受过重压力的夯土建筑雪上加霜，这也是现存土塔集中于中国西北地区的原因。

由于土塔很难保存，所以现在流传下来的土塔并不多，其中比较有名的是西夏王陵的夯土高塔，此塔由夯土建成，表面装饰有精美的琉璃饰品。

7. 哪种材料造的塔最多

我们见识过土塔的文化悠久，也见识过木塔的历久弥新，要说到哪种材料建造的塔数量最多，那当然还是首推砖塔。砖塔是各类塔中保存数量最多的，这主要得益于砖的性质。首先，砖不像夯土和木材一样"脆弱"，它是由黏土烧制的，这就保证了砖有着像石材一样的稳定性和耐久性。其次，砖材施工便利，可以比较轻松地修建各种样式的塔，并且在上面进行雕刻加工。

虽然砖作为建塔的材料有着得天独厚的条件，但是很多砖塔还是要模仿木构的，这主要是受到中国传统文化的影响，因为木材在中国传统建筑中占据主导地位。砖仿木结构虽然影响了砖本身优势的发挥，但是这种结构的塔内各种装饰布局一应俱全，塔身表面砖块合理砌筑，充分体现了塔之美。在明清两代，砖塔得到迅速发展，各类砖塔纷纷涌现，以至于由其他材料建筑的塔都很少看到了。

位于河北省定州市开元寺内的料敌塔是中国现存最高的砖塔，这座塔建于北宋年间，距今已有 1000 多年的历史了。塔身有 11 层，平面呈八角形，以石灰涂抹，清新畅快，是宋代北方砖塔的典型样式。塔大体模仿楼阁式建筑，每层设有标志性建筑，兼有雕刻花纹点缀，美轮美奂。料敌塔原为瞭望敌情之需，现已失去其作用，成为全国重点文物保护单位，供人们欣赏。

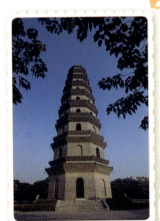

意大利钟塔属于砖塔

广西安澜塔属于砖塔

西禅寺报恩塔

8. 石材适合建造塔吗

中国人对石材的应用并不广泛，特别是与古希腊人相比，古希腊有很多石柱建筑，比如雅典的赫菲斯托斯神庙。中国传统建筑大多数都是用木材或者砖建造的，而石材一般只会在建造石碑等纪念性建筑时使用，但个别也会有例外。说到这里，你肯定会问这样一个问题："石材适合建造塔吗？"答案是肯定的，石材也可以建造塔。

虽然说石材并非中国传统建筑的拿手好戏，但是石材本身具有的优良属性却使它成为一个建塔的"好手"。首先，石材本身坚固，能承受一定的压力；其次，石材分布广，便于采集；最重要的是用石材建造的建筑易于雕刻，并且也不会受到天气的影响而毁坏，这些优点在某种程度上来说是独一无二的。

接下来你肯定会问："用石材建造的塔有什么特点呢？"石塔一般都属于小型塔，这主要是因为石塔对工艺技术的要求很高，如果采用巨石建造则需要花费高昂的代价，所以人们在建造时多用小石块。石塔样式上多为密檐式、楼阁式和经幢式，外观上采用仿木结构，虽然这样看起来更加好看，但是由于石材和木材在耐压性和耐拉性上存在很大差别，所以直接抑制了石材优势的发挥，也是石塔十分稀少的主要原因。

现存的石塔有位于四川的邛崃石塔，其历史悠久，在造型、布局和雕刻艺术上均有独到之处，是一处不可多得的名塔遗存。

9.琉璃塔是用什么建造的

琉璃塔顾名思义就是用琉璃作为材料建造的塔。什么是琉璃呢？事实上，琉璃是一种水晶，它是通过古代青铜高温熔化后再在模具中重新塑形的方法而制成的，颜色光彩夺目、美轮美奂。

琉璃是一种珍贵的名器，当然不能全部用琉璃来造塔。中国古代采用的方法是先用砖建造塔的基本构架，然后再用琉璃贴在塔的外围。这样说来，琉璃塔本质上也是砖塔，只不过外部是琉璃，内部是砖。琉璃本身具有良好的建筑"天赋"，它表面有一层釉，可以很好地抵挡风化作用，起到保护建筑物的作用。由于琉璃在古代是一种被限制使用的珍贵物品，所以即使是官方，也很少建造琉璃塔，这就是为什么保存下来的琉璃塔那么少了的原因。

位于山西洪洞的飞虹塔就是一座琉璃塔，塔呈锥形，外部镶嵌有黄、绿、蓝三色琉璃烧制的神龛、斗拱、莲瓣及盘龙、人物、鸟兽图案，纵横交错，富丽堂皇。除此之外还有香山琉璃塔，这座塔是乾隆为迎接六世班禅进京而特意建造的，墙面用琉璃砖镶贴，很有历史价值。

承德避暑山庄琉璃塔

10.哪些塔是用铜建造的？

铜是人类最早使用的一种金属，人们常常把它用于制造武器和器皿，后来也逐渐用于建筑当中。历史上有一些塔是用铜建造的，因为用铜建筑的塔不仅铸造简单、易于装饰，而且化学性质稳定、兼具耐用性，再加上铜本身就有金属光泽，所造之塔美观大方。遗憾的是，古时候的人们对铜的提炼技术不够成熟并且成本较高，因而保留至今的铜塔数量寥寥无几。比较有名的铜塔有桂林铜塔，它是由朱炳仁大师建造的中国第一座全铜宝塔，塔身共9层，约47米，消耗600吨铜才建成。桂林铜塔"雄姿英发，羽扇纶巾"地坐落在两江四湖之中，迎接着来自海内外游客的观赏与称赞。

其他的铜塔还有山西显通寺铜塔，它是中国现存最古老的铜塔。显通寺铜塔位于五台山台怀镇，塔身高8米，环绕塔身雕刻了形态万千的佛像，显得极其秀丽、玲珑、小巧。华严铜塔因其存在时间长久、外表形体高大和建造精良而在中国铜塔中最为著名。

中国人对铜的使用有着悠久的历史，最早可以追溯到商朝，除了铜塔以外，我们还建有铜殿、铜船、铜桥、铜幕墙等，彰显了中国劳动人民的辛勤与智慧。

桂林铜塔

11. 铁塔经历了怎样的发展历程

在中国传统建筑中运用金属作为建筑材料的是少之又少的，事实上金属材料建造的塔不仅数量少，而且体积小，大多数金属塔建造的目的只是为了充当一个工艺品的角色。铁作为一种金属材料在塔的发展历程中经历了怎样的沧海桑田呢？又有哪些耳熟能详或者鲜为人知的故事呢？

宋明两朝时期的铁塔有很大的发展，比如建于宋元丰年间的甘露寺铁塔，此塔共9层，高约13米，每层均有四门八扇，两侧雕有精美绝伦的雕纹花刻。有趣的是此铁塔"时运不济，命途多舛"，曾多次遭受狂风暴雨的袭击，幸运的是都得到了翻修或重建。除此以外还有玉泉寺棱金铁塔，这座塔是中国现存最高的铁塔，全塔用生铁建造，重量达到50多吨，是"塔中世界"不可多得的瑰宝。

铁塔在现代社会中不仅没有随着时间的流逝而没落，反而发挥了更大的作用。铁塔通过现代技术改变了烦琐的工艺，现已发展成为实用与美观的新型塔，并广泛运用到通信、电视广播、办公装饰、避雷、训练、观光、气象等众多领域，与生活的各行各业息息相关。

开封铁塔

12. 有贵重金属制造的塔吗

我们知道塔可以用铜和铁这一类普通金属来建造,那么诸如像金和银这些贵重金属可以作为塔的建材吗?

中国古代确实存在一些用金和银建造的塔,因为这些塔的建材都是黄金或者白银,我们把它们叫作金塔和银塔。众所周知,黄金和白银数量稀少,价格昂贵,一般的寺院是建不起这样代价高昂的塔的,金塔和银塔一般只会出现在一些佛教盛行并且经济条件特别好的地区。事实上,所谓金塔、银塔大都是在塔上部分位置用金、银作为装饰,比如用黄金建的塔刹,甚至有些金塔、银塔只是一种摆在佛像面前的小型装饰品。

金塔、银塔的样式大多数为楼阁式的或者密檐式的,造型外观精美细腻,是中国古代金属铸造艺术中的典型代表。位于北京故宫博物院的小金塔就是现存的一座比较有名的金塔,这座塔建成于清朝,当时主要是供奉在佛堂之中的。小金塔全身都是用黄金制作而成的,外嵌有各种珍贵宝石,制作工艺十分精湛,是塔中不可多得的瑰宝。

金塔、银塔不仅精美珍贵,而且对于研究当时的雕刻、冶炼等技术具有重要参考价值。

黄金石油钻塔

13.楼阁式塔是什么样式的

楼阁式塔的建造来源于中国的传统建筑——楼阁。楼阁是中国古代建筑中的一种多层建筑物,表达了人们希望登上九霄与天庭对话的意愿。相传佛教刚传入中国的时候,当时的信众为了礼佛就建造了楼阁式的纪念建筑,这就是关于楼阁式塔早期的雏形。楼阁式塔的出现是塔建筑中国化的标志,也就是说是为了适应中国这个环境才诞生了楼阁式塔的建筑。

楼阁式塔顾名思义就是楼阁样式的塔,它的造型特点是有基座和台基,塔身多为木结构或者砖石仿木结构,梁、枋、柱、斗拱等构件一应俱全,塔顶呈尖状,平面为四边、六边或者八边,外形结构科学合理,稳定坚固,大大延长了塔的寿命。人们建造楼阁式塔有两个目的,一是供奉佛像,二是登高望远(也可用作观察敌情),比如河南登封的嵩岳寺塔和北京良乡的昊天塔。

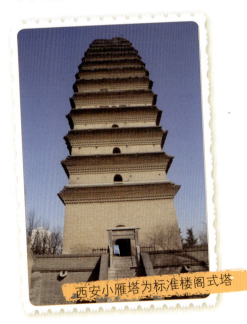

西安小雁塔为标准楼阁式塔

楼阁式塔是中国塔的发展主流,如果细分又可以分为标准楼阁式、仿楼阁式和密檐楼阁式,与之一一对应的是陕西西安的小雁塔、湖北武汉的兴福寺塔和北京天宁寺塔。楼阁式塔在中国的分布是南多北少,喜欢楼阁式塔的朋友们不妨多去南方走走,一定大有收获。

印度亭阁式塔

印度桑奇佛塔

14. 塔可以造得和亭子一样吗

亭子是一种中国的传统建筑，顶部为六角形或者圆形，周围没有围墙，呈开放式结构，主要作用是供游人观赏或者休息。塔本身是一种外来建筑，诞生于印度，那么中国传统建筑凉亭和外来建筑塔到底有哪些千丝万缕的联系呢？

塔也可以造成亭子样式的，我们把这种外形酷似凉亭的塔叫作亭阁式塔。亭阁式塔属于早期出现的塔建筑类型的一种，也叫作单层塔，这是因为远远看上去，塔就像是只有一层的楼阁式塔，非常小巧玲珑。亭阁式塔和亭子是有些不同的，首先是外形，亭阁式塔比亭子多了一个具有佛教性质的塔刹；其次是建筑目的，亭子主要是供人休息或者观赏的，亭阁式塔则是为了供奉佛像的，有时也为供奉墓主人雕像，充当一个墓塔的作用。

亭阁式塔平面结构和亭子类似，呈六角形、八角形或者圆形，建造材料也是多种多样，可以是木、砖、石。碍于自身构造的限制，亭阁式塔并不会建造得很高。亭阁式塔由于结构简单、价格低廉、易于建造等特点，很快在南北朝时期盛行开来。例如，建于北魏孝文帝时期的山西五台山佛光寺东南墓塔，这座塔由青砖堆砌而成，表面用白漆粉刷，象征着清净纯洁，并且这座塔的装饰非常具有南北朝的风格，塔上装饰莲花和宝珠。

亭阁式塔造型殊异、风格独特，是中国古塔中的精品，非常具有观赏价值。

15. 密檐式塔和楼阁式塔有什么关系

密檐式塔和楼阁式塔之间有着千丝万缕的关系，也就是说没有楼阁式塔就没有密檐式塔。

传统的楼阁式塔是用砖作为建筑材料搭建的。运用砖仿木结构，在每一层搭建起檐、梁、柱、墙、门、窗等基本设施，如果想往上攀爬，则需要借助木质楼梯，简单便利。密檐式塔则是在楼阁式塔的基础上发展而来的，它不像楼阁式塔的底层一样那么小，每层之间也不如楼阁式塔宽，而是层与层之间紧密堆积，并且每层檐还不设置门窗，故命名为密檐式塔。

楼阁式塔

密檐式塔起源于东汉或者南北朝，在隋唐时期得到了发展，两宋辽金时期就已经取得了很高的成就，几乎成为整个唐塔和辽塔的典范。密檐式塔虽然是由楼阁式塔发展而来的，但是依然形成了自己独特的风格。密檐式塔一般由塔身、密檐与塔刹三个部分组成，平面结构呈四角形或者八角形，从塔基到塔刹收缩明显，整个外轮廓看起来像一条条富有弹性的抛物线。密檐式塔还有一个特色就是佛像只能放在塔的外面，主要是因为大多数密檐式塔内部是实心的，塔内无法安置。

现存的比较著名的密檐式塔有河南的嵩岳寺塔和云南的千寻塔。

密檐式塔

云南千寻塔

16. 经幢式塔的名字是怎么来的

"经幢"中的"幢"指的是中国古代仪仗中的旌幡，由竿和丝织物做成。东汉时期佛教刚传入中国的时候，佛经或佛像一般都书画在丝织物的幢幡上。后来为了使它们保存长久而不遭到损坏就改为雕刻在石柱上，称为经幢。

经幢式塔是模仿佛教宝幢而来的，它充分结合了佛教法器宝幢和塔的艺术特点。经幢式塔大约是公元7世纪随着密宗东进而传入中国的，在当时经幢的结构主要是采用多层形式，巧妙地运用须弥座与仰莲的结构特点来承托塔身，雕刻技术也日益成熟，比如雕刻的菩萨、力士惟妙惟肖。经幢式塔的兴起可以追溯到唐朝，并一直延续到清朝，但是经幢式塔的最高峰应该出现在宋朝。当时建造的河北赵县陀罗尼经幢轰动一时。这座塔由基座、幢身和宝顶三部分组成，底面建有方形扁平须弥座，须弥座的周围雕刻有力士、仕女、歌舞乐伎等，体态优美、活灵活现。

经幢式塔随着时代的发展，一部分成为了经塔，另一部分成为了墓塔，但不管怎样，它们都是中国重要的历史文物。

17. 常见的金刚宝座式塔有哪些

金刚宝座式塔是佛教常用的一种塔建筑形式，也是从印度传到中国的一种塔的形式。金刚宝座式塔的造型是有一个长方形的石质高台作为基座，在基座上面建有五座塔，中心的塔最为高大，周围的四座均为小塔，这种造型是有一定寓意的，它象征着礼拜金刚界五方佛。

中国最早的金刚宝座式塔见于敦煌石窟的壁画上。常见的金刚宝座式塔有北京真觉寺金刚宝座塔和昆明官渡金刚宝座塔。北京真觉寺的金刚宝座塔坐落于海淀区西直门外的长河北岸。塔基建有五座小型的塔，因此真觉寺也被称为五塔寺。真觉寺金刚宝座塔采用的是内砖外石的建筑形式，塔基座上刻有精美纹饰，是一座造型非常精美的塔。昆明官渡金刚宝座塔还有一个好听的名字叫作妙湛寺妙应兰若塔，是中国已知的建造历史最久远的金刚宝座式塔，是中国唯一全用砂石砌成的石塔。这座塔古朴优雅，是研究中国佛教历史、建筑和艺术的极为珍贵的文物。

其他的金刚宝座式塔还有很多，比如内蒙古呼和浩特金刚座舍利宝塔和北京西黄寺清净化域塔。

北京真觉寺金刚宝座塔

18. 为什么过街式塔保留下来的很少

  有的塔是建在门墩上，下有门洞可供人车通行，我们把这种塔叫作过街式塔。

  过街式塔在元朝时期流行开来，主要是因为宗教和民族习俗等因素。首先，过街式塔是藏传佛教中常用的建筑样式，藏传佛教的发展势必会影响过街式塔的数量和规模；其次，元朝是由蒙古族人建立的，我们知道蒙古族人属于游牧民族，游牧民族的居住习惯是居无定所的，生活范围特别开阔，在这种情况下为了让每个族民都能看到塔，就在人们必经的交通要塞上建造过街式塔。元朝建立以后，过街式塔自然而然也就被带入了中原，曾盛行一时。

  过街式塔保留下来的数量很少，原因有两个，第一，元朝统一之后各方各面百废待兴，统治者没有建造大量的过街式塔，因而其在中原地区的数量远少于蒙古族与西北少数民族生活的地区；第二，过街式塔多半都是建造在交通要道上的，而这势必会给交通带来诸多不便，因而很多过街式塔都被拆除了。

  位于北京居庸关的过街式塔，建于元朝，不过后来在清朝遭遇了大火的重创，现仅存塔基。

19. 花塔和花有什么关系

花是人见人爱的植物，有雍容华贵的牡丹，有清幽淡雅的菊花，有出淤泥而不染的莲花……事实上存在有一种外形像花的塔，我们通常把这种塔叫作花塔。

花塔为什么会像花呢？原来是因为在花塔的塔身上装饰着各种繁杂的花饰，远远望去就好像是一朵盛开的花束，故命名为花塔。花塔中花饰的种类样式丰富多彩，有婀娜多姿的菩萨、力士，有含苞待放的莲花，有古朴整齐的佛龛……这些装饰充分展示了佛教中的莲花藏般世界，美轮美奂、精美绝伦。

花塔是一种异型塔，如果我们仔细观察就可以发现，它其实是由亭阁式塔、楼阁式塔和密檐式塔三者结合而成的，前者为塔的顶部，后两者为塔身。花塔的出现最早可以追溯到唐朝，其后在两宋辽金时期得到发展，不过在元朝的时候由于各种原因，花塔逐渐销声匿迹。现存的花塔主要分布在北方，大约有十几处，其中著名的有河北曲阳修德寺塔。河北曲阳修德寺塔建于北宋，是典型的砖塔结构，平面结构为八角形，共7层，内设有拱门用来承接花束状塔身，特别的之处在于是这座塔的"花束"并不位于塔尖，而是处于中间位置，这是花塔中的特例，非常具有历史价值。

六榕花塔

20. 宝箧印塔有什么特别之处

中国现存古塔不下万计，除仅存的几座木塔和半木塔外，绝大部分为砖石塔和少量铜铁塔、琉璃塔。按艺术造型与结构形式划分，宝箧印塔是其中特殊的一种。

首先，宝箧印塔的形状就如同它的名字一样类似宝箧，"宝箧"由塔基、塔身、塔檐与塔刹构成，又因为它的塔檐多在塔身上呈现出四角向上翻挑状，所以又被形象地称为"山花蕉叶"。其次，它的名字来源于它的用途——佛经中有《宝箧印经》，供奉《宝箧印经》的塔就是宝箧印塔。宝箧印塔都为金属铸造，塔的外层都涂以金，因而又称作金涂塔。它是相当贵重的，最早是用来埋葬佛舍利的，后来用途渐渐就丰富起来了。造型精巧一点的可供在佛龛前，造型大一点的可以作为寺庙的一个部分。

宝箧印塔历史悠久，其形制是由古印度的"窣堵坡"发展而来的，由印度人传入尼泊尔后再传入中国，远传日本后，成为日本古塔中的一种重要类型。宝箧印塔在三国时代就开始建造了。在云冈石窟、南响堂山石窟、敦煌壁画中都有这种形象十分精致的塔造型。只是壁画中的宝箧印塔多是写意风格的。

直到五代时期宝箧印塔才有了广泛的发展。因为吴越国王钱弘俶为了表达他崇信佛教的虔诚，就以造塔84000座的阿育王为榜样，使得宝箧印塔有了广泛发展，当今也有许多遗迹可循。福建仙游县的会元寺塔是目前发现最大的宝箧印塔，除此之外，开元寺院内以及洛阳桥上都建有多座这样的宝箧印塔。

21. 喇嘛塔是如何排列的

喇嘛塔是按照塔的排列方式来命名的一种塔，也叫作覆钵式塔，是各种式样塔中造型最为古老的。喇嘛塔属于藏传佛教的塔，源头是印度的窣堵坡，常见于中国的西藏、青海、甘肃、内蒙古和南亚的印度、尼泊尔等地区。早在中国的北魏时期，喇嘛塔就出现在了云冈石窟中，先是传入西藏，后经西藏传至中国的其他地区。在元朝，随着藏传佛教的盛行，喇嘛塔也跟着流行开来，并逐渐被汉族人接受。著名的喇嘛塔有位于辽阳的大喇嘛塔。

喇嘛塔的造型和印度的窣堵坡大体相同。塔尖是一种代表日、月、火焰的装饰，承接塔尖的是一个天地盘，紧接着下面是由相轮和基座组成的塔脖，然后是眼光门和塔身，最下面的是金刚圈和须弥座。喇嘛塔的每层结构都有其宗教意义，概括起来是由基座、塔身、塔脖和塔刹四部分组成的。基座一般是方形或者多边形，四面雕有俯莲、仰莲和狮子，其上多有台阶，主要是用来支撑塔身的，叫作金刚圈。塔身一般为圆肚或者棱角形状，造型美观大方。塔脖可谓是千奇百怪，长短不齐、胖瘦不一，塔脖上线条的数量也不确定，有的为七，有的为十三，也有的塔脖做成象征性的光面。塔刹由伞盖和宝刹组成，常见的宝刹有日月刹、金属高刹和宝珠刹。

22.舍利塔中究竟放的是什么？

舍利塔是依据塔中所供奉的物品进行分类而命名的一种塔。

舍利塔中供奉着的物品不是别的，正是佛祖释迦牟尼或者其他高僧的舍利子。舍利子是梵语的音译，指的是佛教僧人死后火化形成的晶状体。佛典认为僧人生前因功德熏修而自然感得舍利子，而佛教徒之所以尊敬佛骨舍利，主要是由于高僧生前慈悲为怀的性格和点化他人的智慧。

著名的舍利塔是法门寺合十舍利塔，它是由著名建筑设计大师李祖原策划设计的，因其外形呈双手合十状，故称合十舍利塔。塔身高140多米，等同于50层楼高，中间安放佛祖舍利，塔前是一条佛光大道，两侧有佛像站立。还有一座是临清舍利塔，此塔建于明朝万历年间，塔刹像一顶将军的头盔，基座共有八面，显得格外雄伟气派。塔外檐为仿木结构，门楣上镌有"舍利宝塔"四字，是全国重点文物保护单位，与杭州的六和塔、通州的燃灯塔、扬州的文峰塔并称"运河四大名塔"。

舍利塔是中国五千年文明史的载体，礼拜舍利宝塔是人们表达对诸佛皈依和感恩的方式。

泰国舍利塔

天垢净光舍利塔

23. 塔林都存在于哪些地方

塔林，顾名思义，就是形容塔的数量特别多，密密麻麻地聚集在一起，像森林一样。所以塔林并不是指一种特殊样式的塔，而是数量很多塔的集合。塔林在数量上有多有少，一般与寺院的规模有直接关系，历史悠久、香火鼎盛的寺庙塔林的规模就比较大，数量也比较多。塔林建造的目的主要是为了供奉历代高僧的遗骸，也就是作为他们的墓塔。

现存的塔林数目不在少数，主要集中在北方，如河南少林寺塔林、山东灵岩寺塔林、山西栖岩寺塔林、宁夏青铜峡塔林、河北邢台塔林和北京潭柘寺塔林，其中的集大成者莫过于河南少林寺塔林。该塔林供奉着少林寺历代高僧的遗骸，一般只有在佛教界有声望的人死后才会埋在这里，因此这座塔林是少林寺的祖茔。少林寺塔林造型千奇百怪，有四边形、六角形、八角形；有锥形、直线形、抛物线形；还有柱体、瓶体、喇叭体。在形状样式方面也是别具一格，不仅有楼阁式塔、密檐式塔、亭阁式塔，还有喇嘛塔、幢式塔、碑式塔，其变化万千不是一个"种类繁多"就可以概括的。

山东灵岩寺塔林也是一座值得参观的好去处，当今墓区中存在着自北魏至清代的各种墓塔 167 座，墓志铭石碑 81 座，无论在规模上还是数量上都仅次于少林寺塔林，"中国塔林第二"的称号当之无愧。

　　塔作为一种建筑物在中国历史长河中有着一席之地，自古以来建塔都是一件极其费时费力的事，帝王将相造塔，富贾官员建塔，役千人，耗百万，才使一座塔拔地而起。塔的结构中包含了很多元素，这些元素加在一起展现了"一加一大于二"的效果，地宫镇守塔底，塔基承受载重，塔身承上启下，塔刹直上云霄。一块块砖、一层层瓦构成了雄伟壮丽的宝塔，而雕刻、文字装饰了塔，无论是精美绝伦的造型还是古朴端庄的塔楼，无论是丝丝轻语的塔铃还是笔酣墨饱的对联，这些元素造就了塔的秀丽典雅。

　　走进塔，了解塔，让我们进入塔的内部，探索塔里的秘密吧！

第二章 塔的建造

24. 塔一般都建在什么地方

塔的选址其实是很有讲究的，有首民谣唱道："有寺无塔平淡淡，有塔无寺孤单单"，这暗示着像塔这样的建筑物是需要建在寺院之中的。然而后来诞生的文峰塔这种类型的塔就不一样了，文峰塔更多是用来宣传儒家文化的，希望振兴文风的，因而这类塔一般建在文化气息浓郁的地方，例如在池塘条石旁，池塘象征砚台，条石代表墨，塔为笔，地为纸，彼此交相辉映，浑然天成。

中国有许多塔是建在大江大湖之滨的，它们临着江河，仰望蓝天白云，在夕阳余晖的照耀下更加雄伟秀雅。六和塔就是这样一座塔，它位于钱塘江畔，整个塔气宇轩昂，显得雍容大度，并且站在六和塔内向远方眺望，可看到波澜壮阔的江面和雄跨两岸的钱塘江大桥。还有的塔是建在巨石之上的，这种塔往往古朴典雅，处于曲径通幽、繁花茂林的环境之中。例如苏州的虎丘塔，这座塔位于虎丘山上，是苏州现存的最古老的一座塔，被誉为"吴中第一名胜"。

25. 塔的层数为什么都是奇数

早期印度的塔，每座的层数是有明确规定的，一般为1～15层。古印度佛塔的层数需要和塔的相轮相等（相轮是一种位于塔顶的装饰物，属于塔刹的主要组成部分）。在中国塔的层数通常由方丈和高僧决定，虽然层数应当与相轮的数目相当，但是受到阴阳五行说的影响，偶数为阴、奇数为阳，所以中国佛塔的层数通常建成奇数。

每座寺院中塔的层数是很有讲究的，中国古塔的层数一般代表了一个寺院中长老的社会地位以及整个寺庙的经济实力，因此往往造成了这样一种局面：香火旺盛的寺庙中塔的层数比较多，人烟稀少的寺庙中塔的层数比较少。也有特殊情况，例如墓塔，这种塔一般都建造得比较矮小，最多的也只有5层，然而如果是埋藏高僧佛骨舍利的灵骨塔则会建得高大，可以达到15层。

26.塔的地宫作用是什么

地宫是一种用砖石砌筑的典型建筑，一般位于塔基的下方，它的平面结构多为方形、六边形或者圆形，内筑有一道石门，石门内为石室，石门外为甬道，供人进出。地宫建造的目的是为了埋葬佛骨舍利以及佛经、佛像、供品等陪葬品的，所以地宫属于陵寝建筑，是庄严肃穆的神圣场所。

中国早期的塔建筑其实是没有地宫的，人们一般会把舍利子放在塔的塔刹上，到了南北朝舍利子的安放位置换到了塔基的夯土中，与我们传统文化中的"入土为安"相似。慢慢随着时代的发展，大约到了唐朝的时候才真正意义上出现了地宫，地宫遵循着中国传统的墓葬习俗，与中国古代的墓葬制度颇具相似之处。位于陕西扶风县的法门寺塔中就有一座地宫，这座地宫是世界上到目前为止发现的年代最长久、规格最大、建筑等级最高的塔建筑地宫，它模仿唐代墓葬的结构，墓室由前室、中室、后室和秘龛组成。法门寺地宫建筑宏伟、工艺精湛，具有很高的历史价值。

地宫对于当今人类来说有非常重要的考察作用，因为有很多塔的塔身虽然倒塌，但是地宫依存，所以我们可以根据地宫来重现当时塔的情形，地宫也被称作古塔的"活化石"。

27. 塔基可以分为哪几个部分

塔基位于塔的底部，是全塔的基础，大致可以分为基台和基座两部分。

基台位于塔的最下层，有台阶可供上下，外围有栏杆环绕，它的作用是承接塔的塔身，建筑风格朴实无华。

基座建在基台之上，上面刻有各种花纹雕饰，有熠熠生辉的佛像，有雄伟端庄的力士，有惟妙惟肖的飞天。在众多种类的基座之中，须弥座是最为出名的基座之一。须弥座起源于印度，指的是安置佛像和菩萨像的台座，"须弥"指的是须弥山。密檐式塔、金刚宝座式塔和覆钵式塔的基座常常采用须弥座的形式，须弥座的平面结构一般呈方形、六边形或者八角形，两端雕有花纹。

北京居庸关过街式塔的基座有一个很好听的名字叫作"石阁云台"。云台正中有一个门洞，洞内有各种样式独特的石雕和用各种文字刻画的《造塔功德记》，全基座的汉白玉材质，使外形整体显得美观大方。位于浙江普陀的多宝塔的基座也很有特色，基座的上方矗立着由螭首（古代传说中的神兽）承接的望柱，这些螭首造型生动、外观精美、气韵十足。

基座

基台

基台

28. 塔身是指塔的什么部分

塔身是塔的组成部分之一，其位置在塔的中间，属于塔的垂直部分，所占区域比较大。塔的种类千差万别，所以塔身的样式也是千变万化的。

塔身的内部结构主要有两种。一种是中空结构，如南方的楼阁式塔，这类塔的塔身大多采用木材或者砖建造，每层设有门窗，可以登高望远，并且塔内设有楼梯。塔身外壁砌有砖石，外沿棱角分明，飘逸轻盈。另一种为实心结构，它的内部用砖石或者泥土埋实然后铺平，这种塔是不可攀登的。实心塔一般造型简单，中间有一根中柱贯穿其中，用来支撑全塔使塔身更加坚挺，由于中柱容易受天气影响而腐烂霉变，所以一般是用砖石或者硬木搭建的。

很多塔的塔身的造型很有艺术特色，这点体现在塔上下层的收分[1]方面，有的塔收分比较小，有的塔收分比较大，如位于北京的天宁寺塔和南京的栖霞寺舍利塔，这类塔的收分就比较小，再如位于山西的飞虹塔，这类塔的收分就比较大。塔身的造型往往也是千奇百怪的，有的拔地而起，像一座参天古树；有的亭亭秀丽，像一位讨人喜爱的小姑娘；还有的像御林军的头盔、平缓舒展的伞。这些种类繁多的塔身造型构成了如今样式多变的宝塔。

---

[1] 收分：塔的两端的直径是不等的，根部略粗，顶部略细，这种做法称为"收溜"或"收分"。

29. 塔刹是什么

塔刹指的是塔顶端的装饰，它位于全塔的最高处，是塔顶的标志物。塔刹是古塔组成部分中比较重要的一部分，在古塔造型中有特殊地位，学习有关塔刹的知识对于我们了解塔的结构有重大意义。

塔刹中的"刹"在梵文中指的是"土田"和"国"，佛教将其引申为佛国，正如一句古话说得好"无塔不刹"，就充分表明了塔刹在古塔中的崇高地位以及佛教中的象征意义。中国的塔建筑最早起源于印度的窣堵坡，塔刹便是窣堵坡主体部分的缩影，这也就是为什么中国一些古塔的塔刹本身就是一尊小佛像的原因。佛教认为，塔刹是神圣的象征，就像一个烙印一样深深地刻在塔上，如果没有了塔刹，塔建筑便失去了光辉，宗教色彩也将黯淡无光。例如有些塔的塔刹上会镌刻经文。

塔刹一般是由刹座、刹身、刹顶和刹杆四部分组成的。刹座位于底部，下接塔身，上邻刹身，形式上多为须弥座形、忍冬花叶形或素平台座，后来也加入了不少中国元素，如仰莲、露盘、日、月等，这点在山西应县佛宫寺释迦塔和上海松江兴圣教寺塔中体现得比较明显。刹身由刹杆、相轮和华盖组成，其中华盖一般为13级，表达对佛的敬意。顺着刹身再往上为刹顶和刹杆，刹顶由仰月、宝珠或火焰宝珠等物件构成，显得庄严气派。刹杆多用木、铁制成，贯穿整个塔刹，客观上也起到了加固塔身的作用。

塔刹不仅结构坚固，而且在建造方面往往气势宏伟，颇有气贯长虹、点破苍穹之意，是全塔的标志性部分。

30. 塔的装饰有哪些？

塔的装饰物有很多，如雕刻、佛像、佛龛、塔楼、色彩、文字、塔铃和灯龛。雕刻是塔中装饰的重要组成部分，其在早期中国的木塔中就有所体现，木塔上一般涂有彩绘，为我们生动地展现了各种宗教故事，为塔平添了一份神秘色彩。其他一些类型的塔中也常常会有彩色壁画，其色彩艳丽是我们无法想象的。例如，位于山西的飞虹塔，其须弥座上雕刻有各种飞禽走兽、花鸟鱼虫、人物传奇，使整个塔看起来更加美轮美奂、精致典雅，吸引着数以万计的游客前来参观。

彩绘

佛像也是雕刻的一种形式。佛龛也叫壸门，形状有方形、扁平形和高檐形等多种形式，塔内的门窗一般被做成壸门形式，是塔中的重要装饰。塔楼指的是塔的阁楼，一般安置在佛殿的中心部分，建造塔楼用于表达"塔即是佛、佛即是塔"的信念。其他诸如塔的颜色、塔上的文字、塔铃以及灯龛使整个古塔显得更加雄伟庄重，让观者为之一震。

我们常说汉魏塔雄浑豪迈，宋辽塔清新典雅，明清塔繁复美丽，这其实与塔的装饰不可分割的，不同的装饰风格体现了不同魅力的古塔。

佛像

31. 塔上的雕刻有什么内容

塔上的雕刻一般雕在石材上，位于塔的塔基部位，最早是用来宣传佛教思想的，但是无意中也对塔起到了装饰作用。有关塔身上雕刻的文字记载最早可以追溯到南北朝，当时的花纹样式比较粗糙，不够精细，大约到了宋朝，雕刻水平突飞猛进，有了很大的提高。塔上雕刻的内容，最常见的一种是佛像，有金刚、力士、观音、如来、菩萨、飞天等样式，有的佛像装饰在塔内，有的装饰在塔外，它们往往都表达了一个故事题材；有的是动物类，有青龙、白虎、朱雀、玄武四方神兽，天马猛狮，孔雀金翅鸟等，样式精美；有的是植物类的雕刻，在塔中的数量也不少，主要是莲花、牡丹等。

随着时代的发展，出现了一种与佛教无关，纯粹是用于祈祷文运昌盛的文峰塔，这种塔上的装饰与之前的有很大不同。文峰塔上的装饰主要是表达快乐祥和的内容，诸如宝相花纹、云纹气浪、缠枝莲纹等。塔上的雕刻是中国精美的艺术遗产，我们要用心保护它们。

32. 壶门是什么

壶门是一种塔中须弥座上的图案样式，一般为方形或者扁平形，属于塔中的雕刻类装饰。

壶门的建造一般选用木、砖、石等材料，因为这些材料不仅取材便利，而且结实牢固，在中国传统建筑中应用很多。在样式方面，壶门形状变化万千，有的为方形，有的为圆形，有的为八角形，还有的为须弥山形，其外表古朴端庄，毅然耸立。壶门的结构主要是由两个部分组成的，一个是位于上下两端的线条，称作"叠涩"；另一个是"束腰"，即位于中间的收缩部分。壶门总体结构简单，装饰也比较少，然而随着时代的发展也出现了新的图案样式。

壶门是一种基坛或坛座，一般把佛像放在它上面进行侍奉。有了壶门，不仅能使所供奉的菩萨更加安稳、坚固，而且还能增加佛像的气势，使其更加庄严、肃穆。关于壶门，最早可以追溯到南北朝，当时的云冈石窟中就有这样的装饰。后来随着时代的发展，大约到了宋辽金时期，壶门才发扬光大，成为塔上一项重要的装饰，如今我们仍然可以看到它的身影。

33. 塔都是什么颜色的

塔的颜色是和很多因素息息相关的，例如材质，不同的材料建筑效果不一样，建造出来的塔的颜色也是千差万别的。比如木塔，它一般为单一的木质色彩，而琉璃塔则色彩多样、五光十色。气候和土质也会影响塔的颜色，这与材质会影响塔的颜色的道理是一样的。南北方塔的颜色是大相径庭的，北方的塔一般为青灰色，南方的塔为土红色或者白色。一般所说的颜色指的都是塔外的颜色，塔内通常是没有颜色的，然而人们为了提高塔内的亮度或者保护塔身，一般都会在墙上刷白灰。

我们在生活中常常会听到白塔、青塔、红塔这些塔的名字，这里作简单介绍。辽宁辽阳有一座白塔，建于辽金时期，是东北第一高的古塔。青塔坐落于河北石家庄的临济寺内，该塔造型美观大方，雕饰富丽堂皇，结构千变万化，堪称密檐式塔中的上品。北京市云居寺有一座红塔，此塔因身曾以红色刷饰，所以称为红塔，整体造型挺拔秀美。

34. 塔中的文字装饰有哪些形式

文字装饰是塔中的装饰物之一，这种文字装饰往往辞藻华丽、月章星句，最难能可贵的是，这些文字语言中一般还记载有关于这些塔的名字、由来、历史、文化等内容，具有很高的历史研究价值。

塔中的文字装饰一般包括塔匾、对联、塔碑、砖铭和塔铭。塔匾指的是位于塔的门窗上题字用的牌子，常见的一般都是横匾，匾上写的是塔的名字。对联的形式是比较丰富多彩的，内容多是吉祥的词句。例如，杭州六和塔上的塔联"潮声自演大乘法，塔影常圆无住身"，山西应县木塔上"拔地擎天，四面云山拱一柱；乘风步月，万家烟火接云霄"。塔碑也属于塔中的文字装饰，记录的是该塔的建造历史，中国现在还保留着许多珍贵的塔碑，如颜真卿的《多宝塔碑》和柳公权的《玄秘塔碑》。《多宝塔碑》也叫《大唐西京千福寺多宝塔感应碑》，建于唐天宝年间，颜真卿书丹题额、史华刻字其上，耗时4年完成。砖铭和塔铭虽然外形比较相像，但是记录的内容不太一样，砖铭记录的是书写时间、镌刻地点以及工匠名，塔铭记录的是建塔缘由、布施名单。

文字装饰是塔中装饰的重要组成部分，不仅增加了古塔的文艺气息，而且对于我们研究塔的历史有很大的帮助。

35.塔上为什么要放塔铃

明代诗人周永年在《泖塔上作》中这样写道:"塔铃译佛语,檐鸟调天风。"其中讲到诗人听到了塔铃在风中自在地响着,那清脆的塔铃声仿佛佛语般令人醍醐灌顶。塔铃是众多古塔的重要组成部分,也是极为灵动的部分。那么为什么要在塔角放塔铃呢?古人的智慧和用意何在呢?

塔铃也叫作惊雀铃,是一种用铜或者铁为原材料铸成的铃铛,一般悬挂在塔的转角处和塔刹之上,在有清风吹过之时还会发出清脆爽朗的声音。塔铃建造的初衷是为了用来惊走栖息在塔上的飞鸟,从而起到保护塔本身的作用。塔铃的形状千变万化,其中比较多的是圆形。有的塔铃上还雕琢着精美的花纹,多为莲花纹样。塔铃式样多线条,流利劲挺,坚韧中又不失灵动。最早的塔铃出现在北魏时期。

袁枚在《随园诗话》中曰:"欲辨六朝踪,风乱塔铃语。"此时的塔铃声不仅仅是悦耳的,在风雨迷蒙的江南,清脆悦耳是表象,声音中伴随着的是一丝雄浑和沧桑——青迹斑斑的古塔之上,有几只塔铃正在随风摇曳。当它迎风摇曳时,为古塔增添了几分姿色;当它在风中低诉时,我们仿佛又感受到它的沧桑与世事的变迁。

36.塔楼和塔有什么关系

楼是一种预先做好的小型塔式楼阁,它被安装在大殿或楼阁的正脊中心部位。实际上塔楼与塔有很深的渊源,塔楼是塔的一种变体,将它放在楼阁或大殿上来代表塔刹的意义。印度的窣堵坡传入中国后,与中国传统建筑相结合并演化,形成具有东方特色的塔建筑。在整个塔建筑演化中,塔刹成为塔顶浓墨重彩的一笔——正所谓是"无塔不刹"——各种式样的塔都建有规模不同、华丽程度各异的塔刹。从结构上说,塔刹因其自身的精巧结构,本身就可以当作一座完整的古塔,当塔有了塔刹,仿佛是"塔上建塔",使塔显得更加高耸入天、雄伟挺拔、庄严巍峨。当把塔刹运用于佛殿和楼阁上,就产生了塔楼。

　　北魏时期塔楼就开始出现了,后来各朝各代也沿袭了这种风格,因而佛教建筑上基本都做塔楼,不同的地区呈现出不同的风格。如今想去参观塔楼的风采,可以在山西各地佛寺内的大部分建筑上找到,在西藏、内蒙古、甘肃等地的寺庙建筑上也可以看到塔楼的造型。然而很多人都分不清"塔"和"塔楼",甚至将两者混为一谈,其实是很不科学的。

　　塔最初的功能是作为墓碑或者坟墓的，如嵩山少林寺塔林以及多为覆钵式塔、经幢式塔、密檐式塔等形制的墓塔等；但塔最广泛的用途也是它的最初用途是用来供奉舍利或者雕像的；塔因多有地宫，所以还常常起到储藏宝物的作用；此外塔还有作为景观、指导航向等作用。现代的塔作用更加广泛。现代人类正运用智慧并结合塔的特点，使塔在人们的生活中发挥更大的作用。

　　那么塔是否会遭到破坏？哪些自然因素和人为因素会破坏塔？我们该如何保护古塔，保存好先人的智慧和遗产呢？让我们一起了解塔的用途与保护。

第三章 塔的用途和保护

三塔

双塔

37. 塔在排列方面有什么讲究

塔在中华大地上广泛地分布着，它们有的是"一枝独秀"，有的是"双龙戏珠"，有的是"三五成群"，更甚者是"千军万马"。单塔比较常见，一般是以塔为中心，周围建造寺院。有的是塔殿共存，分为前殿后塔或者前塔后殿两种，也有塔和殿并列分布的情况，只是比较少见。

双塔指的是两座建在寺院前的完全一样的塔，源于释迦牟尼和多宝如来"两佛而坐"的造型，其建筑样式类似中国传统的双阙形式。双塔制度最早起源于南北朝，现在保留下来的著名的是开元寺双塔，开元寺双塔其中一座建于唐朝咸通六年，另一座建于五代后梁贞明二年。双塔一般会增加寺院的庄重性，同时丰富了中国古代建筑的样式。

塔的排列中还有一种是三塔，三塔的建造目的主要是为了尊重三佛，即释迦佛、弥陀佛和药师佛。虽然中国建造的三塔数量不多，但还是保留下来一些，如位于陕西西安的兴教寺三塔，这三座塔是为了纪念唐玄奘而建造的，再如云南大理的崇圣寺三塔，这三座塔屹立于苍山云海之间，颇有三足鼎立之势。

中国古塔文化博大精深、源远流长。

38.塔可以作为墓碑吗

塔是可以作为墓碑的,而且作为墓碑或者作为坟墓是塔最初的功能。

窣堵坡是特有的建筑类型之一,外形似"圆冢",主要用于供奉和安置佛家珍贵的舍利、经文和法物。传到我国后,与我国的亭台楼阁式的建筑风格相结合创造出了中国式塔。虽然在建筑技术与外观方面发生了巨大的变化,但存放佛家圣物这一基本功能却保留了下来。中国很多寺院都建有塔林,所谓塔林便是该寺德高望重的高僧圆寂后的墓园,每僧筑一小塔,大大小小的塔相聚便形成了塔林,其中著名的塔林为少林寺塔林。

一般用作墓塔的塔,在形制上多为覆钵式塔、经幢式塔等,并且体量较小,很少有规模雄伟的塔作为墓塔,这可能与中国人谦逊的人格有关联。元代喇嘛教兴起,建塔多用覆钵式塔的形制。现存最早的一座喇嘛塔是北京妙应寺白塔,该塔就建于元代,是典型的覆钵式塔。经幢式塔是模仿宝幢的塔,现存的该形制的宝塔中,典型代表是河北赵县经幢,该经幢不仅体形最大,而且华丽精致,雕刻精美。

喇嘛塔是为高僧、和尚、喇嘛等圆寂后建造墓塔的主要形制,著名的有五台山塔院寺大白塔、北京北海白塔、扬州莲性寺白塔等。

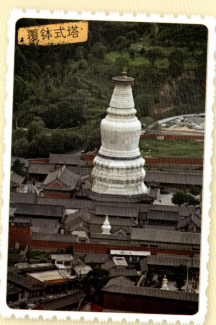
覆钵式塔

39. 为什么人会对塔有崇拜之情

塔从一开始就带有崇拜色彩。后来塔还有存放珍贵经卷、供奉奇世宝珠、祭奠先人等作用。从这些作用中我们可以看出塔跟人们的生活有密切联系，人们建造塔也表现出了崇拜之情。

从本源上来看，塔最广泛的用途是作为崇拜物而存在的。在宋朝之前，塔是整个寺院建筑组群的核心，如唐朝的大雁塔为供奉从印度带回的佛像、舍利和梵文经典而建。当时塔的主要用途是供奉舍利或者佛像，其地位和作用相当于后来的作为寺院核心建筑的大雄宝殿。从宋朝之后，虽然在大多数寺院建筑中塔的核心地位被大殿所取代，但正所谓"有寺必有塔"，塔仍然占有重要的地位。

作为崇拜物的塔根据体量大小分为两种。一种体量雄伟高大，多半是为了体现威严庄重，在形制上有楼阁式塔、密檐式塔、覆钵式塔或金刚宝座式塔等类型，如飞虹塔、千寻塔、虎丘塔等；另一种体量较精巧，多为宝箧印塔、多宝塔等形制，如多宝琉璃塔，是乾隆皇帝为庆祝皇太后六十寿辰而建造的，造型精美、流光溢彩。有的塔甚至仅仅作为工艺品出现在大宝塔的内塔，这些小塔通过其造型精致、用料名贵突显其崇拜物的地位。

楼阁式塔

法门寺

40.塔中储藏有宝物吗

地宫是塔比较特别的结构，塔最早是用来埋葬佛舍利的，传入中国后就与中国的墓葬文化结合起来，产生了地宫这种独特的形式，与此同时"地宫"也入乡随俗，拥有一个中国特色很浓郁的名字——"龙宫"。而在地宫中就储藏着珍贵的宝物。那么有哪些塔因储藏宝物而闻名呢？

有"关中塔庙始祖"之称的陕西法门寺，距今有1700多年历史。法门寺因收藏供奉舍利而置塔，因塔而建寺，法门寺原名阿育王寺。在法门寺塔的地宫里藏有四枚珍贵的舍利子，其中最为贵重的是藏于八重宝函之内的佛陀释迦牟尼的真身舍利子。据专家们一再的考证、勘验，认定该舍利确是释迦牟尼佛的真身舍利子，也是已知世界上仅存的佛指舍利子，天下无双。法门寺地宫中珍藏的金银器多达120多件，这些金银器大多是唐朝皇帝为迎送佛骨的活动而专门制造的各式礼器，皇家定制，做工极为考究，还有珍贵的秘色瓷器、丝织品、经书、塑像等。法门寺地宫的宝藏现存法门寺内的法门珍宝馆。

1990年北京天开塔因地宫内出土舍利子，使这座名不见经传的塔建筑备受世人关注。天开塔是由护世寺两位唐朝僧人法询和法艺带领创建的，创建目的是安葬释迦牟尼的十五粒舍利子。出土的舍利子有鹌鹑蛋大小，淡淡的粉色，呈半透明状，观之珠圆玉润，发出一种天然的柔和光芒，显得祥和神圣，让人不由得肃然起敬。

亚历山大灯塔

六和塔

亚历山大灯塔

41. 塔在交通中的作用是什么

塔可以作为地标建筑物，并且大多比较高耸挺立，使其天然地成为水路旅行的指向性建筑，而建于山顶的塔对陆路交通也起到一定的指向作用，因此人们又把塔作为导航引渡的标志。这一用途在西方用灯塔得以体现。

在我国的江河岸边、海湾港口等地方，通常远远就能看到宝塔耸立高空，渐渐地这一古塔就成为某一港湾码头的标志。例如，早在世界航海地图上福建福州罗星塔就被列为重要航海地理标志之一；钱塘江转弯处的浙江杭州六和塔，远远地就可让航船做好转弯的准备，减少了航船事故的发生；"层层用四方灯点照，东海行舟者，皆望以为标的焉"，这里的"标的"是指位于浙江海盐的资圣寺塔，在茫茫夜色中为东海航船指明方向……

在大多数欧洲临海国家，灯塔在其文明的发展中意义更大。公元前约270年，托勒密二世下令在法罗斯岛东端建造了世界上第一座灯塔，该灯塔既可以为进入亚历山大港的船只指引方向，又展示了复兴的埃及君主的显赫名声。法洛斯灯塔也就是著名的亚历山大灯塔，是古代世界的七大奇观之一。最早的灯塔网络体系是由古罗马人建造的，这源于当时出现的一系列灯塔。此后，阿拉伯人、印度人和中国人也都借鉴了这种用以保障海上行船安全的方法，在各自的周边海岸建造了灯塔，为来往船只引渡导航。

作为地标的塔仍在交通中发挥作用，但随着电子导航装备的发展，古时使用燃料的灯塔也基本废弃了。然而守望在大海身旁的灯塔，仍象征着希望，给人以归乡的安慰。

42. 为什么塔有军事用途

北朝时有一首五言诗这样写道:"重峦千仞塔,危蹬九层台。石关恒逆上,山梁乍斗回。"描写了登塔观览山色的情景。塔既然可以登高远眺,军事家就以此特点来发挥它的军事作用了。

为什么塔有军事用途呢?在古代没有卫星、飞机之类的现代通信侦察工具,古人只好利用高山或高耸的建筑物来观察敌情,有时会修筑敌楼、烽火台等作为瞭望之所。然而很多时候这些建筑的高度并不十分理想。塔这种建筑物不仅高,而且可以隐蔽、住歇,军事家考虑到这一点,塔在军事瞭望敌情上具有了很大的优越性。

如河北定州的料敌塔就是以观察敌情为目的而修建的——虽然它以供奉舍利之名。料敌塔通高84米,修建了50多年才完工,是我国现存最高的一座古塔。登至塔顶极目四望时,冀中平原的山川形势尽收眼底,正符合当政者的意愿,辽军的形势也被宋军知晓。有意思的是,与料敌塔相对应的是应县木塔,虽塔名为释迦塔以虔诚信佛为名义,但却是辽军观察宋军情况的塔。

在历史上,许多军事城镇的古塔都曾多次发挥军事作用。但是,塔的这一作用有时也会给自身带来麻烦,如建于明代的金陵大报恩寺塔——金碧辉煌、举世无双,却被太平军出于军事安全的考虑而拆除。

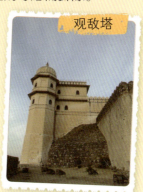

观敌塔

43. 著名的旅游景点的塔有哪些

延安宝塔象征着革命圣地延安以及延安代表的革命精神，"几回回梦里回延安，双手搂定宝塔山"——这首来自著名文学家贺敬之的诗歌，热情地讴歌了延安宝塔山在人民心目中的神圣地位。中华人民共和国1955年颁授的独立自由勋章上的那座山就是宝塔山。宝塔山是游览延安的必去之地。

高耸杭州西湖宝石山上的保俶塔，天晴时看塔高耸撑云，金碧排空，一派朗然精致。民间素有"雷峰似老衲，保俶如美人"之说，所以保俶塔衬托着风景秀丽的西湖。专门作为景观修建的雷峰塔，有晚霞镀塔景观，"雷

雷峰塔

峰夕照"成为杭州八景之一。北京玉泉山玉峰塔,成为西山山峦中的一处亮点,乾隆皇帝十分喜爱颐和园如镜的湖面上倒映着玉峰塔挺拔身姿的优美景象,并御赐此景名为"玉峰塔影"。"玉峰塔影"是静明园十六景之一,成为颐和园的一处借景。其他的如西安大雁塔、开封铁塔、泉州双石塔等,也都是名城的标志。

像这些为美化风景成为著名旅游景点的塔比比皆是,不胜枚举,古塔已成为风景名胜不可或缺的一部分,我们可以通过后面的内容进行详细了解,也可以到风景区亲自感受古塔耸立天地间之美。

保俶塔

玉峰塔

44.跳伞塔是用来干什么的

跳伞塔是一种塔形建筑物，其主要作用是用来训练运动员跳伞的，后来也出现了一些娱乐性质的跳伞塔，如河南开封跳伞塔和重庆两路口跳伞塔。河南开封跳伞塔位于开封的南郊乡，建于20世纪60年代，全塔采用钢筋混凝土结构，高约85米，是国内最高的跳伞塔。开封跳伞塔属于国防体育设施，当时主要是用来供运动员们进行项目练习的，在这里训练过的人多达数万，如后来鼎鼎有名的崔秀英、耿桂芳和郝建华。随着时代的发展，跳伞塔已不仅仅是一座体育设施，更是开封的象征，蜂拥而至的开发商把这座塔当作标志建筑物从而宣传开发项目，有的电影就是在这里拍摄完成的。

重庆两路口跳伞塔具有很高的历史价值，不仅因为这座塔是亚洲第一座跳伞塔，而且因为它表达了重庆人民誓死与日寇抗争的决心，有重庆第二座解放碑之称。重庆解放后，跳伞塔开始发挥自己的体育作用，为重庆体育事业的发展和人民的健康生活做出了巨大贡献。这就是为什么重庆老人对跳伞塔有着深厚感情的原因。

45. 电视塔只能用来发射电视信号吗

除了按照塔的样式、所供奉物品、建筑材料和排列位置外，还有一些按其他方法分类的塔，如电视塔。电视塔你一定不会感到陌生，我们平常所看的电视信号就是由它发射出来的。电视塔一般要通过电视发射天线来传输信号，因而要建造得比较高来扩大传播范围，如东京天空树电视塔就有634米高，中央广播电视塔也有386.5米。另外，电视塔还有许多其他的作用。

电视塔可以作为一个区域的标志性建筑。因为电视塔一般都建于市中心，并且往往是城市中最高的建筑，所以很容易成为地标。如上海的东方明珠广播电视塔，塔身有468米高，坐落在浦东新区，与南浦大桥和杨浦大桥交相辉映，其知名度好比纽约的自由女神、悉尼的歌剧院和巴黎的埃菲尔铁塔，是名副其实的上海地标。

电视塔也可以用来观光旅游，现在很多地方的电视塔都和旅游事业相结合。如位于河南郑州的中原福塔，它是世界上最高的全钢结构发射塔，除了可以进行广播电视发射外，还兼具了旅游观光、名画展览、文化娱乐、餐饮休闲等多种功能。塔中设有空中花园、旋转餐厅、观光平台等，使游客在观赏美景之余还可以享受美食。

随着时代的发展，电视塔的用途还将继续扩展，相信有一天电视塔会成为一座兼具更多功能的多用途塔。

东方明珠广播电视塔

东方明珠内部

冷却塔

46.塔能制冷吗

冷却塔是一种用水作为循环冷却剂从系统内部环境中吸收热量，排放到外部环境中以降低水温的装置。它的工作原理是通过水与空气冷热交换产生蒸汽，然后这些蒸汽流动时就会带走热量，这样就可以降低装置中的温度来保证系统的正常运行。冷却塔的诞生是多门学科同时发展的产物，它融合了热力学、流体学、生物化学和空气动力学等诸多学科的科研成果，简单地说它是一种综合产物。冷却塔的结构中有一个外置式水轮机，是通过运用仿生学蜗牛状效应来建造的，可以减少循环水的冲击力和振动率。冷却塔在空调冷却、冷冻、塑胶化工行业中起着不可替代的作用。

冷却塔在工业运用方面前景非常广阔，得益于它的经济效应。冷却塔的冷却过程是凭借水的蒸发过程来完成的，也就是说它可以让冷却水循环使用，这无形之中就节约了成本。并且冷却塔比较环保，这与我国号召的科学发展观中的可持续发展相呼应，是一种绿色经济。

正是冷却塔的出现造就了现代工业的发展，我们应该向这些"工业战士"表达由衷的敬意。

47. 塔是怎么储水和排水的

塔 的作用有很多，与我们日常生活最紧密、最相关的是它的储水和排水功能。一般把这种具有储水和排水功能的塔称作水塔，它通过高压水泵和输水管道把水传送到千家万户，为我们的生活带来了很大的便利。

水塔是一种比较常见而又特殊的建筑物，它一般是由水柜、基础和支架组成的，其作用主要是用来储水和排水的，在水厂生产工艺过程中有着重要作用。水塔的工作原理极其简单，它通过传感装置保持和调节给水管网中的水量和水压，随着顶端水箱中水量的增加，水的压力就会变大，然后使用增压装置将水送到较高的建筑物中。送水的过程有两步，一是蓄水，在水量不足时可以源源不断地补充；二是增压，利用塔高优势使自来水产生水压扬程。

北京大学未名湖畔的东南小丘上有一座名塔——博雅塔，这座塔原是燕园中的一座水塔，现已成为北京大学的象征。难怪人们会说"北京大学的任何一个新建的建筑物都不能比博雅塔高"。博雅塔的设计思路源于通州燃灯塔，采用辽代密檐砖塔样式，造型华丽典雅。博雅塔虽是一座水塔，却设计构思匠心独运，集使用功能、艺术造型、环境协调于一体，是当之无愧的建筑杰作。

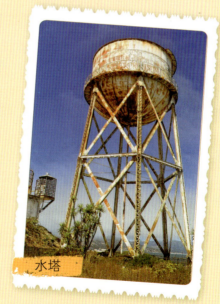
水塔

48. 如何保护塔免遭地震的破坏

中国的古塔众多，它的丽影出现于各个大小景区。

塔作为一种地面建筑，地震对其伤害程度是最严重的。地震是如何破坏塔的呢？地震主要会震坏塔身的建筑结构，根据地震的震级不同，塔的坍塌程度不同，此外地震有时也会使地宫发生坍塌，很多佛家宝物也有可能遭到破坏。地震对斜塔的破坏程度更加严重，斜塔的结构本身就不够稳定，如遭受地震，势必雪上加霜。

地震的破坏程度与塔的体量有着密切的关系。一般平面面积越大、高度越低的塔遭到地震破坏的程度也越低。塔的结构也是塔受地震破坏程度的因素之一，一般中空的塔结构比较脆弱，不容易躲过地震的冲击。除此之外，建筑物内部的形状也对塔的抗震功能产生影响。方形的门窗容易造成塔身建筑在地震中开裂坍塌。相较而言，拱圈形的门窗能够很好地对抗地震。另外，一般越古老的塔其建筑结构会越松散，这就更容易在地震中坍塌。

目前面对地震人们尚没有一个行之有效的方法来保护古塔，能够做的是尽量提高其抗震等级，以及在震后尽快对受损的塔进行修复完善等。

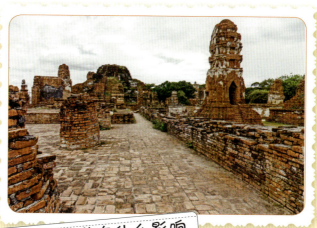

49.风化剥蚀对塔有什么影响

哪种古塔比较容易受到风化剥蚀的影响呢?在我国的古塔类型中,砖塔占有很大的比例。由于建筑材料本身的性质,古塔中的砖塔和石塔比较容易受风化剥蚀的影响。另外,塔的结构不同受到的影响也不同。塔受风化剥蚀影响比较严重的多为塔身的塔檐、斗拱、刹顶等部位,风化严重的塔这些部件全部会消失,像塔铃这种风中悬挂的部件更容易受到剥蚀甚至脱落。

此外,风化剥蚀程度还与气候有关,因为气候类型不同的地区,风化的主要形式也不同。在降水比较丰沛的地区,风化的形式表现为两点,一是雨水渗透造成塔身材质更加脆弱;二是塔身植物生长茂盛造成塔身的损害。在干燥多风沙、日照强烈的地区,由于昼夜温差变化带来的膨胀收缩使得建筑龟裂和风蚀作用是风化的主要形式。如分布在中国西部一些地区的古塔,由于该地风沙较大,古塔的向风面被风沙严重磨蚀,与背风面形成强烈对比。有时塔身表面的精美雕刻全部消失——风把它们吹得"改头换面"。

怎样减少风化侵蚀呢?虽然对于风化作用的防护目前尚没有成型的技术,但诸如化学药剂喷涂防护等措施已经得到了实际应用。

50. 雷电为什么会破坏塔

雷电是生活中常见的一种自然现象，它的工作原理是雷雨云中电荷积累并形成极性从而放电，其过程伴有电闪和雷鸣，既雄伟壮观又令人生畏。你是否担心过雷电也会破坏建筑物，事实上纵观历史的长河，毁于雷火的塔不在少数，雷电是威胁塔的安全的灾害之一。

雷电和建筑物可能会令你想起一种现象——"雷火炼殿"。雷火炼殿指的是雷电缠绕在武当山上的大殿，并且在雷击过后大殿会金光灿灿的现象，然而这和我们所说的塔遭受雷击是不一样的。雷火之所以能"炼殿"是因为大殿是铜铸鎏金的，本身相当于一个金属导体，所以才会有这种现象，而塔则完全不一样。塔刹是塔的重要结构之一，由于塔刹位于塔顶并且多半是金属做的，所以塔刹实际上充当一个引雷针的作用，更可怕的是这样的塔刹没有接地，会引起雷劈进而形成火灾。如果塔是木质材料建造的，其破坏性会更大。

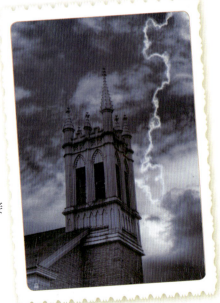

位于阿拉伯联合酋长国的迪拜塔就曾遭受过雷电的袭击，当时还有两位摄影师专门等待这样一个时刻，当雷击中迪拜塔的那一刹那，他们按下了快门，留下了这一精彩瞬间。对于塔遭受雷电袭击的安全性问题也不必过于紧张，只要在塔上加装避雷针和接地设施就可以避免灾祸的发生了。

51. 为什么火灾对塔的危害会很大

为什么火灾对塔的危害很大呢？首先，在塔的建材方面，如果选用的是砖石等材料，可能塔不会迅速燃烧起来，但如果是木质塔的话就不一样了。木材的着火点比较低，一旦燃烧就会迅速蔓延，造成不可计量的损失。其次，塔的结构容易助长火势。因为塔内部一般呈桶状形，类似烟囱，这样的结构会形成密集的气流进而形成风，风会助长火势的蔓延，从而使灭火工作变得困难。再次，是因为塔通常都建得很高，供水困难，地面水无法快速到达塔顶，使得火难以扑灭。

火灾对塔的破坏是巨大的，如果是木塔瞬间就会化为灰烬。砖石塔虽然不会瞬间烧毁，但是火会影响它们的力学结构，造成塔的承重能力下降而倒塌。2013年4月8日下午3点，北京市的永定塔发生了一场火灾，这场火灾对永定塔及其周边建筑造成较大的损害，永定塔东侧的大部分建筑被烧成灰烬，万幸的是没有人员伤亡。

我们在参观名寺古塔时一定要注意用火安全，不要使用易燃易爆物，也不要将烟头随地丢弃，共同保护我们的历史文化遗产。

中国是世界上古塔最多、艺术文物价值最高的国家之一。3000多座古塔在祖国的秀丽山河间巍巍独立，装点江山更多娇。这些遗留下来的古塔，不仅富有历史、考古、建筑、艺术等参考价值，而且是一座座珍贵的艺术宝库。矗立于大江南北、形形色色的古塔，代表着中国古代杰出的建筑艺术。

塔刚传入中国时，曾被人们译为"窣堵坡""浮屠""塔婆"等，也被译为"方坟""圆冢"。随着佛教在中国的广泛传播，直到隋唐时期，翻译家才创造出了"塔"字，作为统一的译名，沿用至今。在东方文化中，塔不仅代表着古代劳动人民的建筑智慧，而且承载了东方的历史、宗教、美学、哲学等诸多文化元素，是我们了解中华文明的重要媒介。下面就让我们一起欣赏中国名塔的风姿吧！

第四章 中国名塔博览

52.琉璃塔缘何"七彩飞虹"

"塔玲珑驾碧空,满山翠柏起秋风。云生宝殿僧常定,咫尺须弥未许通。"诗句中"玲珑驾碧空"描绘的便是中国十大名塔之一的山西飞虹塔——金碧辉煌的七色琉璃塔矗立在山西省霍山南麓如诗如画的美景中,在阳光的照耀下显得更加绚丽夺目。

飞虹塔是全国乃至全世界唯一保存完好、建造精美的琉璃塔。该塔始建于汉,屡经重修,现存的古塔是从1516年开始建造的,前后历时12年才建造完成。明熹宗天启元年(1621年),在京师大慧和尚的带领下,又历时4年时间在底层增修了回廊,才成就了飞虹塔今日的规模。著名的"广胜寺三绝"就包括飞虹塔,其他"两绝"是曾在飞虹塔里珍藏的《赵城金藏》和元代壁画。

飞虹塔为楼阁式建筑,平面结构为八角形,一共13层,通高47.6米。除底层的回廊为木质外,其他均用青砖砌成。飞虹塔1~13层的塔身全部用蓝、绿、黄、白、褐五色琉璃镶嵌贴饰,色彩顺序无重复雷同。并且从2~13层的八个主面,每一面都有琉璃浮雕悬塑,共计千百个精巧的构件。实在是技艺精湛,更增添了它的艺术观赏研究价值,令人叹为观止。虽然修建近500年,但是五色琉璃装点的飞虹塔仍然流光溢彩,使游人流连忘返。

整座塔五彩纷呈,在阳光照射下熠熠生辉,神奇异妙如七色彩虹,"飞虹塔"因而得名。它与河南开封的祐国寺塔齐名,被誉为"中国第二塔"。

53. 为什么嵩岳寺塔被称为"塔中之塔"

嵩岳寺塔始建于北魏永平年间,是中国现存最早的砖塔。嵩岳寺塔高约41米,共15层,为砖筑密檐式建筑,塔身平面结构不是常见的六角形、八角形,而是等边十二角形!它在古塔中是唯一的十二边形塔,它不仅是中国现存最古老的塔建筑,而且十二边形塔在全世界也不多见。中央塔室为正八角形,整个塔室呈圆筒状。塔室之内,原置有供和尚和香客做佛事之用的佛台佛像。全塔刚劲挺拔,建筑工艺极为精巧。

嵩岳寺塔是运用黏稠的糯米汁拌黄泥做浆,相当于现在的混凝土,并用小而薄的青砖垒砌,这种独创的选材及用料在世界上也是首创。新中国成立后,在建筑大师梁思成开列的一份重点保护的文物清单中,大师在文物名称的前面分别标上五个圈、四个圈、三个圈来分列其重要程度,而嵩岳寺塔大师标列的是五个圈,足见其建筑价值之高。该塔至今已有1500年历史,历经多次地震、风雨侵袭仍不倾不斜,巍然矗立,这充分证明了我国古代建筑的工艺之高。

嵩岳寺塔的外形轮廓线非常柔合丰圆、饱满韧健,远远望去便觉得有一种勃勃生气在向外散发……

54. 为什么千寻塔有蛙声回音

云南大理千寻塔耸立在云南大理县城西北崇圣寺内——"法界通灵明道乘塔"是该塔建于唐朝时的全称。塔身16层，塔高69.13米，是密檐塔中檐数最多者，从比例上看也是最为细高者，所以千寻塔俊逸挺拔，显得器宇不凡。塔心中空，在古代有井字形楼梯可以供人攀登。因塔面向洱海，为了镇压洱海中的龙妖水怪，所以在塔顶四角各有一只铜铸的金鹏鸟。

在千寻塔的西侧不远处放置了一块大石块，上刻"蛙鸣石"三个大字。一旦在此处击"蛙鸣石"，便可以在西侧中轴线上一个较大的范围内听到类

似蛙鸣的回声。这是怎么回事呢？研究人员经过实地考察、实验并对比发现，由于千寻塔各层塔檐的反射、会聚作用，使得其反射的回声拉长了，这就是多径时延作用，在这种作用下就产生了类似蛙鸣的回声，也就是说千寻塔的蛙鸣回声与该塔的叠涩密檐对声的反射和会聚有着密切的联系。

在千寻塔的塔下有"永镇山川"四个刚劲有力的正楷大字，该书出自明朝黔国公。字用文石凿成，每字有四丈大；塔顶有纯金观音像、金质释迦牟尼坐像等几百尊，以及大量珍珠、玛瑙、水晶、珊瑚、绘画等。

55. 为什么释迦塔被称为"艺术宝库"

释迦塔全称为佛宫寺释迦塔，是中国辽代高层木结构塔建筑。塔身全是木质构件叠架而成的，所以俗称"应县木塔"。古朴的应县木塔是世界上最高的古木塔，它经历了近千年的风风雨雨却依然巍然屹立。

应县佛宫寺释迦塔建于辽清宁二年（公元1056年），至金明昌六年（公元1195年）才增修完毕。应县木塔是我国现存古塔中唯一木结构楼阁式塔。它的平面结构呈正八边形，从外观上看虽然是5层，但另有4个暗层，所以全塔一共9层。塔高为67.31米，总重2600多吨，因塔基是夯实的黄土，所以全塔巍然挺拔、屹立刚健。木塔使用的斗拱有54种，结构精密，反映了中国古代木构建筑的杰出成就。它与法国的埃菲尔铁塔和意大利的比萨斜塔并称为"世界三大奇塔"。

塔内明层有塑像和壁画，精彩生动。在第1层有高11米的释迦牟尼佛像，神态面目端庄自然，佛像所在的内槽墙壁上绘有六幅色泽鲜艳的如来佛像，人物栩栩如生。塔每层檐下装饰有风铃，微风徐来，清脆悦耳，涤荡心灵。1974年维修应县木塔时，发现了一大批珍贵文物，三级以上文物达129件。在这些文物中较珍贵的是两枚佛舍利、沉香木，还有佛教"七珍"包括金、银、琥珀等。

木塔通身无一颗铁钉，全部由54种斗拱和卯榫咬合垒叠而成，结构设计科学严密，工艺精细，让人称奇赞叹。当年，梁思成和林徽因慕名而来，为之倾倒。

56.为什么说"不到大雁塔,不算到西安"

众所周知,十三朝古都西安是世界范围内最早的城市之一,是古代文化贸易交流"丝绸之路"的起点。古城西安拥有深厚的文化积淀,并且有全国最为丰富的文物资源。其中,佛教圣地大雁塔以及大雁塔中珍藏的瑰宝是西安文物中最为珍贵的部分。一直以来,大雁塔被视为古都西安的象征,所以民间一直流传着"不到大雁塔,不算到西安"的说法。

大雁塔因坐落在慈恩寺西院内,故原称慈恩寺西院浮屠(浮屠即塔的意思)。该塔是唐朝永徽三年(公元652年),玄奘为珍藏西行取回的佛经而修建,塔身7层,通高64.5米,塔体呈方形锥体,同众多古塔一样由下而上按比例递减。从塔内可沿着木梯盘登而上。该塔为楼阁式建筑,造型简洁稳重、气势气魄宏大又不失庄严古朴,可以称得上是中国唐朝佛教建筑艺术的杰作。

大雁塔,真的与雁有关吗?玄奘所著的《大唐西域记》中记载了他在印度所闻僧人埋雁造塔的传说,书中讲到,在摩伽陀国的因陀罗势罗娄河山中有雁塔,相传是有雁投身此地使得寺中教徒不至饿死,佛教徒认为是佛化身为雁怜悯,后来建雁塔感怀。这一感人的故事也许就是雁塔之名的由来。另一个有关雁塔之名由来的故事发生在唐朝高僧玄奘在印度游学时,玄奘瞻仰了印度的雁塔。回国后,在慈恩寺译经期间,建造了一座仿印度雁塔形式的砖塔,这座塔就叫雁塔。

大雁塔的最高处,可向四周远眺,古城四方四景尽收眼底。

57. 二七纪念塔是为了纪念什么

二七纪念塔是为了纪念京汉铁路工人大罢工而修建的。1923年2月1日，京汉铁路总工会在郑州普乐园成立。封建军阀闻风便对其进行阻挠和破坏，于是工会决定在2月4日举行全线总罢工。2月7日封建军阀头目吴佩孚等在帝国主义的指使下，对罢工工人进行了大规模残酷镇压，并杀害了共产党员林祥谦、施洋等工人领袖以及工人等40多人，另外还有300多名罢工工人负伤。为了纪念这次伟大的罢工运动和"二七"烈士，继承和发扬"二七"运动中体现的革命斗争精神，1951年，二七广场在郑州普乐园修建起来了，广场的中心建筑是一座15米高的木质纪念塔。1971年对该纪念塔进行了改建。

二七纪念塔是建筑独特的仿古联体双塔，平面结构呈东西相连的两个五边形，纪念塔从东西方向看是单塔，但是从南北方向看是双塔相连。全塔均为钢筋混凝土结构，高63米，有14层，塔身每层檐角都用绿色琉璃瓦镶嵌贴饰，在阳光下耀眼闪烁，这也与郑州"绿城"之称相得益彰。塔顶是可以报时的钟楼，上面是六面直径为2.7米的大钟，整点报时演奏《东方红》乐曲，在钟楼上还有一枚闪闪的红五星。二七纪念塔现名为二七纪念馆。

58. 飞英塔为何被称为"塔中塔"

飞英塔坐落于湖州市区东北隅的飞英公园内，始建于唐朝，在宋朝时加设了外塔，塔中有塔堪称世界一奇，为罕见的古塔珍品。外塔通高55米，为八面七层形制，材料为砖木结构，每一层的塔檐都悬挂着风铃。沿着木梯登塔，可直达顶层，不仅可以一边走一边观赏石塔艺术，还可以俯瞰湖州市区风光。内塔为一座15米高的八面五层石塔，通体雕刻有精致、庄严的上千尊佛像以及狮、象、莲花、瑞草等，构图造型古朴生动，实为唐朝石雕艺术瑰宝。

据史籍记载，适时唐咸通年间，上乘寺得到高僧授予的7颗珍贵佛舍利子以及阿育王饲虎面像的礼物，故建石塔来供奉珍藏。后因称"有神光见于绝顶"，于是在北宋开宝年间，在原本的石塔之外增建木塔来守护，从而形成别具一格的"塔中塔"。取佛家语"舍利飞轮，英光普照"中之二字，两塔合为一塔更名为"飞英塔"。

千百年来，流传下来许多文人名流对飞英塔的赞赏题咏。如宋代苏轼任湖州太守时，留下"忽登最高塔，眼界穷大千，卞峰照城郭，震泽浮云天"等句。如今，飞英塔已远胜当年风姿，正以雍容大度的非凡气概迎接四方来客的光临。

59. 千年虎丘斜塔为何不倒

虎丘塔位于苏州城西北郊的虎丘山上，而虎丘山的来历也是有说法的。相传春秋时吴王夫差在此地埋葬了他的父亲，埋葬后的第四天，就有白虎盘踞在坟冢之上，于是此地就更名为虎丘山。位于此地的虎丘塔是驰名中外的宋代古塔。仍存的虎丘塔建于公元959年（后周显德六年），落成于公元961年（北宋建隆二年），这么算来比意大利比萨斜塔还早建200多年呢！

虎丘塔高47.7米，塔身全是砖砌成的，重达6000多吨。虎丘塔为仿楼阁式的形制，砖木套筒式的结构，塔身平面结构呈八角形。整座塔由8个外墩和4个内墩支承。屋檐为仿木斗拱，各层飞檐起翘。塔内有两层塔壁，类似飞英塔的"塔中塔"，仿佛是一座小塔外面又套了一座大塔，各层的连接用叠涩砌法连接上下和左右。据记载，自明代起，虎丘塔就向西北倾斜，可能是由于塔基土厚薄不均、塔基设计构造不完备等原因，塔顶中心已经偏离底层中心2.34米，塔身最大倾斜度为3°59′，所以虎丘斜塔也被称之为"中国比萨斜塔"。

如今，雄伟的虎丘塔仍然屹立在虎丘山的山巅上，南来北往的过客还未到苏州，就远远地先看到了它的雄姿。它是苏州古老历史的见证，也是苏州人心中"家乡"的象征。

60. 哪座古塔被誉为"吴中第一古刹"

大报恩寺是中国历史最为悠久的佛教寺庙之一，是明清时期中国的佛教中心，并且被誉为"中世纪世界七大奇迹"之一，并与灵谷寺、天界寺并称为金陵三大寺。大报恩寺琉璃宝塔作为中国享誉世界的华美建筑，在当时被西方人赞誉为"天下第一塔"，更有"中国之大古董，永乐之大窑器"之誉。

大报恩寺，顾名思义与"报恩"有关。传说宝塔出自皇家之手，当时明朝的永乐皇帝朱棣为纪念他的生母贡妃，建造了大报恩寺和九级琉璃宝塔。大报恩寺是朝廷的旨意，用工用料完全按照皇宫修建的标准，费时近20年，因此精细考究可见一斑。大报恩寺塔9层八面构造，全塔高约80米，甚至数十里外的长江上也可遥遥望见。

琉璃宝塔到底长什么样呢？说来你肯定要惊叹了，宝塔竟然全是用巨型白瓷胎五色琉璃构件堆砌而成的。其精美还体现在塔檐、斗拱、平坐、栏杆全都装饰有狮子、白象、飞羊等佛教题材的五色琉璃砖。当然刹顶镶嵌有金银珠宝，相当华美。角梁下悬挂风铃共计152个，叮叮作响，清脆悦耳，声闻数里。塔上有长明塔灯140盏，为了达到昼夜通明、辉煌壮丽的效果，自建成之日起就点燃塔灯，每天耗油达到32千克。

该塔高耸入云，流光溢彩，壮观异常，是金陵四十八景之一。明清时代，一些欧洲人来到南京，称之为"南京瓷塔"，将它与罗马斗兽场、亚历山大地下陵墓、比萨斜塔相媲美，称之为"中世纪世界七大奇迹"之一，成为当时中国的象征之一。

只可惜大报恩寺塔毁于后世战火，其重建工作于2014年4月底完工，如今琉璃宝塔的金碧辉煌重现于世人眼前。

61. 开封铁塔是铁造的吗

开封铁塔因当年建筑在开宝寺内，称开宝寺塔。因该塔全部用褐色琉璃砖砌成，远看近似铁色，被人们俗称为"开封铁塔"。铁塔的前身是一座木塔，是北宋著名建筑学家喻浩为供奉佛祖释迦牟尼佛舍利而建造的。

铁塔始建于北宋皇祐元年（公元 1049 年），现高 56.88 米，为八角形制，共 13 层，是国内现存琉璃塔中最高大的一座，它的珍贵之处还在于它是开封仅存的两处北宋地面文物之一。铁塔完全采用了中国木质结构的形式，高大雄伟，通体遍砌褐色琉璃砖，砖面饰以 50 多种生动形象的飞天、佛像、伎乐、花卉等，图案多姿多彩。在挑角、拔檐、转角等处采用各种艺术装饰砖，各种花样精美的麒麟、套兽、云龙猫头、重檐滴水等，共 20 多种。每块砖都做工精细、栩栩如生，堪称非常完美的琉璃艺术品。

塔为仿木砖质结构，但令人惊奇的是塔砖如同斧凿的木料一般精工，个个有榫有眼、契合严密，垒砌起来合缝如一。塔并非铁铸，却胜似铁铸般坚固。如今的铁塔公园绿树成荫，湖光亭台相映成趣，前来赏玩散心的游人络绎不绝。铁塔与东北部的国家级重点保护文物开封古城墙遥相呼应，共同诉说着这个七朝古都的历史沧桑。

62. 为什么白塔是北京"三海"之首

北海、中海、南海位于北京城内故宫和景山的西侧，合称"三海"。它是中国现存历史悠久、规模宏大、布置精美的皇家宫苑之一。北海以其悠久的历史、完整的保存、更胜一筹的园林之美而成为北京城中最具代表的"三海"之首。北海的秀美则以白塔山为中心。清世祖福临根据西藏喇嘛的请求，下旨在广寒殿的废址上建藏式白塔。白塔建立起来了，山名改称为"白塔山"。

白塔总体为砖、木、石结构。为防塔内木架因潮湿而糟朽，工匠技师在塔身周围设置了306个通风孔。白塔的结构由塔基、塔身、相轮、华盖、塔刹等几个部分组成，遵从皇家设计，施工自然考究。白塔的各部分中，最为称道的是华美精致的刹顶。它是由仰月和鎏金火焰宝珠组成的，在华盖上还有纯金打造的舍利盒，盒内用朱砂铺底，上面供奉着来自佛陀释迦牟尼的佛牙、舍利子共19颗。

据说北海白塔内有很大的空间，里面还建有佛龛，以银盒奉舍利子，地下有藏井，藏有旱船、喇嘛经文、衣钵和佛教法物以及织品、五谷、药材、茶果等贡物。

北海白塔庄严肃穆，在蓝天的映照下给人一种天人合一的亲和力。从山脚仰望白塔，怀着一种朝觐礼佛的虔诚，经过层层殿宇直至山顶，白塔就在这层层叠叠的建筑群中不断升华成为辉煌壮丽的顶点。

63. "真人塔"与常见佛塔有何不同

恬淡守一真人塔，也叫罗公塔，建于清雍正年间，是道教塔中的精品，也是清代前期大型石刻艺术品。真人塔通高约10米，全部用石雕琢而成，八角形仿亭阁式形制，但又与传统塔的形制有所不同。八角形的塔身建立在仰莲须弥座基台上，塔身上覆三重檐屋顶，屋顶上有星檐的椽子、飞头、瓦陇、脊兽、隔扇窗等，还雕有象征道教八卦的图案。这座道教塔也采纳了藏传佛教寺庙常用的密叠斗拱作装饰，塔顶用小八角亭式，亭子的顶部置有一枚大圆珠，以此区别于一般佛塔的塔刹，显得珍贵独特。

真人塔是为了纪念一位白云观扬州籍罗姓道士而建造的。据传他独家秘制了一套理发养颜法，在京城中盛行。皇帝欲召其进宫，但他不肯进宫贪图荣华富贵，且淡泊名利，后来在白云观仙逝。皇帝感怀他的操守，就敕封他为"恬淡守一真人"，并建塔藏其遗蜕。

真人塔不仅是道教塔中的珍品，因其独特的建筑艺术也成为我国清朝前期不可多得的一件大型石雕艺术品。到访真人塔的游客在白云观的仙境中迷失，在罗公塔下罗公真人的恬淡守一让人回归本心。

64. 塔尔寺塔有什么艺术特点

塔尔寺始建于明神宗万历十年（公元1582年），它是藏传佛教格鲁派的六大寺院之一。塔尔寺又称作金瓦寺、塔儿寺。藏、蒙等少数民族以来此朝觐为荣，在他们心中塔尔寺是圣地。

青海省藏传佛教中的第一大寺院——塔尔寺，主要建筑有9300余间（座），分布于莲花山上。这些建筑依山叠砌，随着山势而蜿蜒起伏、高低错落，像是互相低语的圣徒。其中的入口塔门、如意宝塔和太平塔，在藏传佛教塔建筑之中占有独特的宗教地位。

如意宝塔坐落在塔尔寺的前院，建成于清乾隆四十一年（公元1776年）。在佛教中很注意宣扬释迦牟尼的生平事迹，尤其是从他的降生、成道、初转法轮到涅槃这一生中最重要的八个故事情节，这一连串的故事昭示了佛祖一生的光辉业绩。

因此同时建立了8座形制相近的宝塔。第1座为莲聚塔，是纪念佛陀释迦牟尼初生时，步行7步，取"步步生莲"之意。第2座为四谛塔，是纪念释迦牟尼宣讲四谛要义。第3座为和平塔，纪念佛陀平息僧众争论。第4座是菩提塔，是纪念悟道成正觉。第5座是神变塔，纪念佛陀降伏外道魔怪的种种奇迹景象。第6座是降凡塔，纪念佛陀重返人间超度众生。第7座是胜利塔，纪念释迦牟尼战胜魔军。第8座是涅槃塔，纪念佛陀释迦牟尼的圆寂。

来到塔尔寺不仅可以欣赏壮观瑰丽的建筑，而且在这里可以感受浓郁虔诚的佛家气息，使自己的心灵得以净化、升华。

65. 为什么曼飞龙塔被称为"笋塔"

"曼飞龙塔",又称"笋塔""群塔""白塔""爷孙塔"。始建于傣历565年,它已经有780多年的历史了。一座座白色的塔建在高约4米的圆形须弥基座上,基座呈多瓣形的莲花状,显得更加纯洁清雅。塔群由9座塔组成,主塔居中高16.29米,8座小塔均高9.1米,塔身为层层嵌套的葫芦状。远远望去,很像是一丛拔地而起的茂盛竹笋,整座塔群显得格外洁白高雅、雄伟壮观。在正南面有一块原生岩石,石上有一人踝印迹。传说,佛祖释迦牟尼周游各地传教,来到曼飞龙山,四处观望之时,脚踩的石头上留下"圣迹",此足迹也保留下来了。并且为了纪念佛祖到此传教开化,后来修建了这座具有建筑特色的塔建筑。

曼飞龙塔身如玉笋,塔尖披金,阳光下显得壮观辉煌。这座造型别致的小乘佛教古塔同时融汇了中、泰、缅三国建筑风格。每年4月西双版纳傣历年来临时,西双版纳当地人民还会在曼飞龙塔院内举行盛大的庆祝活动,以示对佛的虔诚和祈祷。

66. 为什么崇圣寺三塔是"文献名邦"的象征

崇圣寺三塔位于大理古城以北1.5千米苍山应乐峰下的崇圣寺中，背靠苍山，面临洱海，可谓是天开地阔。三塔由一大二小3座塔建筑组成，呈三塔鼎立之态，远远望去，卓然挺秀，因此成为苍洱胜景之一。

大塔名为千寻塔。千寻塔现存高度是69.13米，底宽9.9米，为方形密檐式空心砖塔，是中国现存座塔最高者之一。千寻塔南、北的两座小塔，是一对八角形的砖塔，都是10级。三塔高度不同却浑然一体，俊逸雄伟，也体现了古朴的民族风格。

修建三塔有什么意义呢？当时的朝廷考虑到修建三塔，一来是可以传播佛家慈悲，二来是由于大理古为"泽国多水患"。古籍《金石萃编》中记载："世传龙性敬塔而畏鹏，大理旧为龙泽，故为此镇之。"也就是说修塔是为了减少水患，这在现在看来是十分迷信的，但是在当时落后的条件下，人对于无力回天的事情，只好信鬼神来寻求安慰。现在三塔已成为大理的标志性建筑，令世界称奇赞叹、为大理增色添彩和扬名争光的亮丽风光，吸引数不胜数的来自中外的宾客到此游览观光和摄影留念，为大理乃至云南和中国都赢得了不小的声誉。

67. 为什么辽宁前卫斜塔被誉为世界第一斜塔

我国拥有多座著名的斜塔,而且很多塔的建成时间比意大利的比萨斜塔更早。在它们中有的倾斜度还超过比萨斜塔,却依然屹立挺拔。下面我们就一起了解下"世界第一斜塔"——辽宁前卫斜塔到底"歪"到什么程度吧!

前卫斜塔称作"前卫歪塔"会更加贴切,它倾斜的程度太厉害了。该塔塔身向东北方向倾斜12°,塔尖水平位移1.7米。因其斜度超越中外任何一座斜塔,因此被称为"世界第一斜塔"。著名的意大利比萨斜塔倾斜度为5°40′,相比较倾斜度是6°52′天马山护珠塔、倾斜度是7°59′54″的南京定林寺塔,其倾斜度稍有逊色,更不用说与倾斜度为12°的前卫斜塔相比较啦!数百年来,虽然几经地震与洪水的考验,但是前卫斜塔始终歪而不倒、保持"本色",也难怪被人们称为"怪塔"。如今当人们站在塔旁仰视,总会有斜塔要迎面倒下的感觉,着实让人担心。

为什么前卫斜塔"歪"得那么厉害呢?葫芦岛市历史学会副会长张恺新经过多年研究,推测出前卫斜塔的倾斜大概是因为历史上的大地震造成的。辽西走廊位于地震活跃地区,历史上发生于明隆庆二年的大地震,曾把宁远、前卫城中的很多房屋震得面目全非,前卫斜塔很可能就是从那时开始倾斜的。当然,该塔的倾斜可能也有地下水侵蚀、风力等因素的影响。

前卫斜塔建筑规模不大,但是该塔建造工艺精良。塔身有砖刻佛像、狮子头等图案,线条极其清晰,不难看出工匠的刀法精湛,技艺精湛,很具有研究价值。但由于对它的宣传推广和旅游开发还远远不够,以致这座独特的塔多年来"养在深闺人未识"。

68. 哪座塔是中国现存最高的佛塔

"七层层,八棱棱,二十四个窟窿窿,五十六个风铃铃",这首民谣形象地歌唱出了开元宝塔的形制特点。被称为中国宝塔之王的定州塔,又称开元寺塔、料敌塔,至今已有1000年的历史了,是国内现存最高的一座砖质结构塔。

建于宋朝的定州塔呈八角形,共11层,通高达84米,当属中国佛塔最高者。《曲阳县志》有"砍尽嘉山(在曲阳县)树,修成定州塔"之说,可见当年建塔工程用材之多,工程浩大而繁重。

建造该塔的最初目的是为了存放从天竺国取回来的佛经和舍利子。但由于当时正值宋辽频繁的战争,刚好定州地处军事前沿,具有军事优势,宋王朝便利用此塔瞭望敌情,"料"不仅与"瞭"同音,而且取"料想、料到"之意更加鼓舞士气,助力宋军击退辽军,故名料敌塔。

料敌塔虽比较高,并显得瘦削,但外观威武大气、挺拔雄健;细部虽精致,但也不过于华丽浮夸。全塔壁面为庄重大方的白色;塔顶在仰莲座上置覆钵,覆钵上承接露盘,露盘内置有两颗铜宝珠。砖檐都用叠涩砌法,没有模仿繁细的斗拱,与同时代江南诸塔的秀丽轻盈相映,这也体现了南北地方风格的不同。

料敌塔内有精细的雕刻花纹和生动的彩画,还保存着宋代的壁画和碑刻题记,极具史料价值。寺塔建成后,逢节开放,形成定俗。历来游人登高远望,已成为当地一种引以为豪的活动。

69. 中国现存最大的喇嘛塔是什么

"平则门,拉大弓,过去就是朝天宫;朝天宫,写大字,过去就是白塔寺……"这是已经在北京的街头巷尾传唱了数百年的一首童谣,其中提到的白塔寺就是妙应寺的俗称。因为寺内矗立着一座白色藏式塔建筑,所以"白塔寺"这个名字不胫而走,蜚声中外,而它本来的名字反而不为人所知了。

白塔是我国现存最早最大的一座藏式覆钵式塔建筑,也是元朝杰出的建筑代表。当走进这座寺庙参观时,你不仅会发现雄伟的白塔与寺庙的比例似乎不大相称,而且它俩在建筑风格上也大相径庭。大白塔属于藏传佛教特色建筑;而寺则是地道的汉传佛教建筑。这么说来寺与塔根本不是一家,为什么会被捏合在一起呢?从建筑年代考核发现,白塔已有700多年的历史,而寺至多不超过530年的历史——这么看来它们的建造必有先后,一定是建塔在前,建寺在后。它们又是怎样合为一家的呢?这就要从白塔兴建的时候说起了。

白塔是在辽代塔建筑的遗址上建立的,由元世祖忽必烈下旨修建,主持修筑的是尼泊尔入仕工匠阿尼哥。白塔建成后,才修建塔下的妙应寺,当时称为"大圣寿万安寺",是作为皇家寺院及文武百官学习的场所。不幸的是妙应寺在元明交替那年毁于一场火灾,所幸这座元代的大白塔幸免于难。后来经过明清朝廷的几次修复妙应寺才重振雄风,而后成为京城著名的庙会场所,在民间享有很高的威望,每年都有"八月八,绕白塔"的习俗。

在蓝天衬映下洁白的塔身分外雄浑瑰丽,在阳光下金顶耀眼夺目,塔身的36只风铃在轻风中清脆悦耳、涤荡心灵,更使整座白塔显得神妙灵动。

70.中国现存最大的陶塔是什么

"进山不见寺，进寺不见山"的奇特建筑格局的涌泉寺建于福州市鼓山山腰，有"闽刹之冠"的美称。该寺的镇寺之宝是一对陶瓷千佛塔，是我国现存最大的陶塔。这种用陶烧造的宝塔，不仅在国内很罕见，而且在世界的宝塔之林中也是为数不多的。

千佛陶塔是宋元丰五年（1082年）用陶土采取分层烧造的方式，再把各层拼合累叠而成的。这对陶塔高6.83米，于1972年从福州南郊龙瑞寺移至涌泉寺，安置在寺门前两侧。位于东边的称"庄严劫千佛宝塔"，西边的称"贤劫千佛宝塔"。两塔均为八角9层，虽不大，但是每座塔壁均贴有雕塑佛像1078尊，仅八角塔檐上就有四方佛72尊，另还悬挂装饰陶制塔铃72枚。各层塔檐檐角上有镇檐佛，每面转角处的檐下均悬有陶制风铃，清风徐来，叮当作响，犹如琴音在耳，使人心境神远。

千佛陶塔装饰非常精巧细致。在塔的基座上有神气活现的金刚力士，它们做出力负千斤的姿态，其旁伴有奔跑追逐的狮子、姿态各异的花卉图案等。在塔座上还刻有烧制的年代、塔名、施舍者和烧制的工匠姓名，这使得陶塔有迹可循、有史可载，更加弥足珍贵。全塔塔身上涂有紫铜色釉彩，这使得陶塔表面光泽明亮，古朴端庄。千佛陶塔因其体量巨大、烧制精美而成为我国研究陶瓷工艺发展的重要实物，其独特的建筑工艺在世界塔林中也是十分独特的。

在千佛陶塔旁流连之际，也可以在涌泉寺中感受青山环绕的自然清新，晨钟暮鼓的静远淡泊……

少林寺塔林

71. 中国最大的塔林在哪儿

我们已经知道,建在寺院旁边的塔林就是该寺历代德高望重的僧侣的坟墓。在僧侣圆寂后,他们的骨灰(尸骨)被放入地宫,然后在上造塔,这些塔一般都不大而相聚成塔林。塔的大小、高低和层数的多少根据僧侣生前的造诣、功德等方面来定,也有一些是身骨塔和衣钵塔。

在中国佛教道场中,就塔群规模、数量而言少林寺塔林位居首位,它占地 14000 平方米,位于河南省登封市嵩山少林寺的西侧,现存唐、宋、元、明、清时期的砖石墓塔。其中明代和元代的较多,而如清代、唐代、宋代、金代的塔较之就少很多了。塔的层级一般是 1～7 级,通过前面的学习我们知道其层级必须是奇数。塔的高度一般不会超过 15 米,基本上每座塔都清楚地镌刻塔铭和题记。塔的造型多变,有除了常见的四角、六角、柱体、锥体,还有直线形、抛物线形以及独石雕刻等,种类繁多,形态各异,雕刻大都精美,具有极大的研究价值。

少林寺塔林是一座宏伟的建筑群,被列为世界文化遗产,它既是综合研究中国古代砖石建筑和雕刻艺术的宝库,又是国内外参观旅游者的游览胜地。

72. 世界最小的塔是什么

位于安徽利辛的玲珑宝塔——纪家塔，只有7层，高约10米，这座堪称世界最小塔已被载入世界吉尼斯纪录。

纪家塔是仿木结构砖塔，虽然只有10米，但仅第1层就有2米多，各层高度由下至上逐层递减。该塔为六角形制，在2、3层外檐口及六角转向处均砌一砖挑檐和一砖挑飞檐。位于第2层正前方悬立着一块青石匾额，匾额上镌刻着隶书"芳名永垂"，可以洞悉其纪念意义。塔身第3～7层的东南方向还砌有佛龛。塔身无窗，塔内是中空的，每层用"十"字形横木交叉支撑以此来代替塔心柱的作用。

纪家塔传说是为纪念纪姓善人而建的。相传生活在明朝中期的纪九公、纪九图兄弟二人，属乡里巨富。明正德年间，水旱灾害接踵而至，民不聊生。九公、九图兄弟商议着把自己家的存钱、存粮借给饥民。消息披露后，四邻八乡的饥民一拥而来借粮、借钱。可是3年期限过去了，该地仍是饥荒严重，人们没有能力还钱、还粮。善良的九公、九图没有趁火打劫，而总是对来还钱、还粮的人说："现在没时间收，没有粮仓存放，请回去吧。"

转眼10年过去了，纪家二翁已届古稀之年。在他们去世之前却和儿女商量把10年前的钱、粮之账一笔勾销。儿女们在二位老人的精神感动下，都表示同意。二翁当众把厚厚的7本账本全部烧掉了，以示永不索还之意。

乡亲们感谢九公、九图二人恩德，集资兴建了这座六角7层的纪家塔。建塔选用六角形制是代表着60个群众代表见证之意，选用7层是为了纪念恩人烧掉7本账本之情。这座古塔虽是作为世界最小塔为世人所知，但是了解了该塔的意义，会使我们为之感动。

73. 世界最早的斜塔是哪一座

提起斜塔，人们知道的比较多的是意大利的比萨斜塔，但是就其历史久远程度来说，位于上海市松江区天马山中峰峰顶的护珠塔要更胜一筹。

护珠塔建成于1079年，因倾斜不倒而知名，故又被当地人简称为斜塔。其倾斜度达6°52′52″，已超过比萨斜塔。但是与比萨斜塔由于地质导致倾斜的原因相异，护珠塔的倾斜更多是人为的。据史志记载，清乾隆年间，因佛事燃放爆竹引起火灾，护珠塔的外廊及塔心均遭焚毁，只剩砖砌塔身。火灾并没有引起塔身倾斜，但之后，当地百姓传言有舍利宝珠藏于塔砖中，便有众多无知之人参与其中，大肆挖掘寻觅，这次"寻宝"致使塔基两处挖去1/3，直接导致古塔明显倾斜。还有一个原因就是塔基四周土壤不一，这也加重了古塔的倾斜程度。

相传在塔的东面20米处，有一株古银杏树，古树分枝呈龙爪状，向西呈现扑抱塔身状。当地老人认为，该塔虽被破坏，但仍可以几百年来斜而不倒就是得益于此银杏树的庇佑。这棵银杏树就像山神之手，百年来支撑着护珠塔。但是，传说毕竟只是传说，建筑专家经过研究发现塔使用的建筑材料也许是塔倾斜而不倒的重要因素。护珠塔的材料是"古代混凝土"，这种混凝土主要是将米熬成很黏稠的粥后打成浆，然后和石灰、沙子拌在一起，这样的材料接近于现在的钢筋混凝土，因此塔才"自立不倒"。除了建筑材料外，护珠塔的建筑结构为八角形，这使得塔身受力十分均匀，故而不会倾倒。

爬上天马山山顶，近塔仰视，护珠塔欲倒之势令人胆寒。但在繁华和喧嚣的上海，天马山园内树木茂盛成林，其清新优雅的环境构成了一片清净的天地，游人流连忘返之余倾听着护珠塔诉说沧桑。

74. 世界最瘦的塔是哪一座

位于甘肃省合水县太白乡苗村川的塔儿湾石造像塔被认为是中国最为纤细的古塔。

名不见经传的塔儿湾村因堪称中国造像塔之最的石造像塔而闻名。远看造像塔，呈八角形密檐式，通身用红砂岩石条块叠砌成13层，经宽1.4米，形体清癯纤细。近看塔身第1层较高，达2米；第2层以上逐渐缩短。各层有塔檐，檐下雕出檐椽，檐上雕出筒状瓦栊，形制精巧细腻。塔顶为石雕刹柱，在华盖一层上置有一颗耀眼宝珠。细看它，每面都有五幅浮雕石刻造像，雕刻技法纤巧细腻、造像布局疏密相间。每幅雕像十三至十五身，粗略算来，整座塔共有造像五六百之多。

塔儿湾石造像塔的造像内容多为佛说法图，图中描绘了传授佛法之佛身披袈裟、居中端坐于莲花座或方形束腰座上。其两侧坐十数身罗汉，他们或拱手，或踞坐，或比手指划，或苦心思索，全都表现出对佛无比的虔诚。

塔儿湾石造像塔始建于宋代，历经风雨近千载，风姿依然不减当年。那一抹清秀纤细的塔影掩映在莽莽的林海中，向游人展示着千年古塔的肃穆庄严。

塔已经有数千年的历史了。世界各地的巍巍塔影,大都以它们的高耸入云轩昂气势、挺拔多姿的建筑造型点缀在山河之间,以它们深厚的文化内涵、特殊的历史功用而被当地人民珍重保护。有的纤巧玲珑、瑰丽多彩,有的雄伟高大、巧夺天工。它们是世界各民族文化的积淀和见证,是全世界人民的共同财富。

我们将要欣赏到的国外名塔,它们或砖砌,或木构,或石筑,或铁铸,或铜造,或金镀;它们在山间,在丛林,在沙漠,在寂林或者在闹市;它们有的是古塔巍巍,有的则代表现代文明的发达——所以它们有的肩负见证历史的重任,有的则告诉世人人类文明的未来指向。如今林立地球的万千塔体——钟塔、灯塔、水塔、电视塔、气象塔、太阳塔……真是名目繁多、姿态各异,令人目不暇接、赞叹不已!让我们一起欣赏国外名塔,一起为人类的智慧喝彩吧!

第五章 国外名塔荟萃

75. 比萨斜塔为什么斜而不倒

比萨斜塔在建造之初并不是斜着的。据说，该塔大约建于10世纪，当时的比萨王国打了一次胜仗，得意洋洋的国王决定建造一座大教堂来炫耀功绩，并且要在教堂旁边修建一座高大的钟塔。塔的设计为垂直建造，但是在工程开始后不久开始倾斜，1372年完工时，已完全确定塔身倾斜向东南，目前，它的倾斜角度约为5°40′。比萨斜塔之所以会倾斜，是由于它选址就是有问题的。最新的挖掘表明，钟楼建造在了古代的海岸边缘，海岸边缘的土层是由各种软质粉土的沉淀物和黏土相间形成的，非常不坚实。而在深约1米的地方就是地下水层，这就更加剧了沙化和下沉的速

度。由于土质结构导致塔倾斜的结论是在对地基土层成分进行观测后得出的，当时的人们并不知道。

诚然，比萨人最关心斜塔的"前途命运"——他们担心斜塔真的有一天倒下，但这种忧患并不能减少他们内心的自豪与骄傲——故乡的比萨斜塔早已享誉世界。并且他们守护着斜塔、坚信它不会倒下，他们有这样一句俗语："比萨塔像比萨人一样健壮结实，永远不会倒下去。"有机会我们要亲自拜访一下这位"歪着脑袋"的、拥有独特建筑之美的塔朋友！

76.为什么埃菲尔铁塔被称为法国人的"铁娘子"

仅从"外貌"上看,埃菲尔铁塔称为"铁娘子"也是名副其实的。埃菲尔铁塔通身钢铁镂空结构、300多米身高、从塔座到塔顶共有1711级阶梯,它的华丽壮观是建立在这些数字的基础上的——7000吨钢铁、12000个金属部件和259万只铆钉。在建筑史上,世界上第一座钢铁架构的高塔就是埃菲尔铁塔。从象征意义上看,它是为了迎接在巴黎举行的世界博览会和纪念法国大革命100周年,由法国政府出资修建的一座永久性纪念建筑。而它自己也如钢铁一般的坚强——施工过程历时2年多,却从未发生过任何伤亡事故;在组装部件工程中,钻孔都很准确地拟合——这无疑是得益于精确的设计施工,这在建筑史上也是很了不起的。

法国人把埃菲尔铁塔称作是"首都的瞭望台",这是因为它共拥有上、中、下三个瞭望观景台,可同时容纳上万人。在瞭望台上巴黎的一切尽收眼底。站在瞭望台上,原本嘈杂的世界变得安静,剩下的只有你与巴黎的对话、与心灵的对话,一时间你接近了那个蓝色的梦想,登顶的愉悦和惊奇让你流连忘返……

有人说在巴黎城拥挤的建筑物中,它是雄奇独立的,却也孑然孤独。但它还有风,有云,有鸟,有来自世界各地仰望它的旅行者——无数双温热的手抚摸它冰凉的铁杆,埃菲尔铁塔在它的高度上依旧傲视群雄。

77. 藏在中美洲金字塔里面的秘密是什么

在中美洲金字塔中，最出名的包括墨西哥的太阳金字塔、月亮金字塔、库库尔坎金字塔、乌斯玛尔金字塔、帕伦克金字塔，危地马拉的蒂卡尔金字塔，洪都拉斯的科潘金字塔、百慕大金字塔。其中，最为著名的是墨西哥尤卡坦半岛奇琴伊察的库库尔坎金字塔，它是"世界新七大奇迹"之一。

埃及金字塔主要是用来作为国王的墓穴，然而中美洲金字塔的功能与之大相径庭，它是古代僧侣、贵族们用来祭祀或者举行盛大典礼的地方。中美洲金字塔是古代印第安人在祭神的过程中建造发展的，古印第安人信奉各种自然神，并喜欢登上巍峨山顶祭祀，以求更加接近神明。但是印第安人生活在平原地区，习惯用土丘代替高山，久而久之就形成了如今我们看到的散落在平原的实心金字塔。如月亮金字塔是用于祭祀月亮神的，它与托尔蒂克人神秘文化相连；太阳金字塔顾名思义是用于祭祀太阳神的，它的身上隐藏着狄奥提瓦康文明的起源以及其统治者的巨大秘密……

位于中美洲的数千座金字塔组成的宏伟壮观金字塔群，是古代拉丁美洲三大文明中的玛雅文明遗迹。随着考古的深入，越来越多的玛雅文化浮出水面，隐藏在它们身上的许多未解之谜正在逐渐被揭开，一幅瑰丽磅礴的文明画卷正在慢慢展开……

78.菩提伽耶大塔的由来是什么

佛陀释迦牟尼经历6年苦行之后,终于在菩提伽耶的菩提树下望星空而悟道成佛。菩提伽耶大塔位于菩提树北,佛陀的圣像也安然坐落于此。

释迦牟尼在这里成佛似乎偶然中也有必然。疲惫的他从喜马拉雅山脚下云游到此,依然无法获得解脱之法,已经苦修6年的他形容枯槁。惶惑中的他听到了来自尼连禅河对面的民谣小调:"琴弦太紧难成调,琴弦太松不成音,不紧不松声动人"。这歌声仿若醍醐灌顶般传遍了释迦牟尼全身,他懂得了只有撇开苦乐两极,才能让心灵平和自由。心结释然的他在尼连禅河沐浴,不仅洗去了6年的积垢,同时也卸去了心头的重压。释迦牟尼在随后接受了一位善良牧女施舍的奶粥,顿时觉得神气盎然。一身轻松的释迦牟尼来到了菩提伽耶,在一棵菩提树下静思,发誓说:"我今如不证到无上大觉,宁可让此身粉碎,终不起此座。"他便这样在树下参悟解脱之道,最终他冲破了最后的烦恼魔障,心灵获得了彻底觉悟而成了佛陀。

菩提伽耶大塔又称大觉塔、大觉寺、大菩提寺、摩诃菩提僧伽耶。它高52米,外观看来是9层,而内部实际只有2层。塔内四面刻有佛像佛龛,雕镂精美庄严。内供的佛像乃佛陀25岁时等身像。在纷乱的人世间,佛陀的慈悲庄严让人感受到宁静和安详,周身感到被佛的慈悲笼罩,心灵如经过洗涤一般,清澈无比。

79. 为什么伦敦塔是女王陛下的宫殿与城堡

伦敦塔被官方称作是"女王陛下的宫殿与城堡",它位于伦敦繁华的市中心。虽然名义上它是作为国王的宫殿,但是自从它问世以来就有作为堡垒、军械库、国库、铸币厂、宫殿、刑场、避难所和监狱等功能。伦敦塔作为世界遗产,有很多可看之处。

伦敦塔的整体建筑包括很多的塔楼,其中心是塔内最古老的建筑——诺曼底式建筑的日塔,也称为大塔和中央要塞。塔群中最有吸引力的是珍宝馆,馆藏主要是全套的御用珍宝。珍宝馆的"镇馆之宝"是一块世上最大的钻石——"非洲之星",它还在王室的节杖上闪闪发光。紧邻珍宝馆的是宏伟的白塔,它最初是由征服者威廉于11世纪修筑的坚固城堡以巩固他的胜利。在白塔中保藏着欧洲最精致的盔甲,囚犯们经过反叛者之门后便要向自由世界告别了,格林塔则保留着受刑现场,刻在博奇安普塔内壁上的字迹是大多数临死的囚犯们所留下的遗言——"人之将死,其言也善"。

世界遗产委员会这样评价说:"伦敦塔是围绕白塔建造的一个十分有历史意义的城堡,也是王室权力的象征。"想要深入感受英国的历史,就不能错过这个英国的"故宫",这个默默诉说历史的见证者。

80. 大本钟塔的钟声为谁敲响

大本钟塔即威斯敏斯特宫钟塔,坐落在英国伦敦泰晤士河畔,是伦敦的标志性建筑之一,也是世界上最著名的哥特式建筑之一。钟楼高95米,钟直径9英尺[A],重13.5吨。大钟于1858年4月10日建成,由当时的工务大臣本杰明·霍尔爵士监制,耗资2.7万英镑。为了纪念他的功绩,取名为"大本钟","本"是本杰明的昵称。因而大本钟的英文名叫"Big Ben"。到了2012年,"大本钟"的钟楼被政府更名为"伊丽莎白塔",以此来纪念英国女王登基60周年。但是人们还是习惯用其旧名来称呼这座历史悠久的塔楼。

作为伦敦市的标志以及英国的象征,大本钟塔巨大而华丽。但它也有出错的时候,而且不止一次!如2005年5月27日晚大本钟突然"罢工"

A 1英尺=0.3048米。

了一个半小时,这让技术人员百思不得其解——有着147年历史的大钟为何突然停摆呢?再如,天气有时也会影响它——1962年元旦的瑞雪纷飞让它的新年钟声晚了10分钟。大本钟每3天就失去一回动力,所以钟表师们每周必须爬上去3次,为它上弦,以保证它能够"好好工作"。

　　大本钟塔作为古老的哥特式建筑,适应了当地的气候和现代的要求,成为历史的见证和民族情结的维系。波光粼粼的泰晤士河面倒映出河岸上气势宏大的建筑,远处传来钟楼悠扬深远的钟声,众多的尖顶和雉堞在伦敦迷雾中隐现——哥特文化的神秘、哀婉、崇高的强烈情感令人心醉神迷。

81. 自由纪念塔对于伊朗人有什么特别意义

如果有机会去伊朗旅游,就一定不能错过阿扎迪自由纪念塔——这座位于德黑兰梅赫拉巴德国际机场附近的灰白色"Y"型建筑气派雄伟、风格新颖,不仅是德黑兰地标,而且是伊朗的象征。

其实,自由纪念塔原名是国王纪念塔,但在1979年伊斯兰革命推翻巴列维王朝,伊朗伊斯兰共和国建立后,国王纪念塔更名为自由塔,象征伊朗自由神权时代的来临。既代表过去又象征新时代的阿扎迪自由纪念塔,高45米,塔基长63米,宽42米,塔身完全采用钢筋水泥浇灌而成,规模宏大、气势宏伟。塔正面的2500块大理石具有特殊的象征意义,它们是为了纪念波斯帝国建国2500周年。整座塔既注意吸收外国建塔的优点,又注意充分体现伊朗建筑的民族风格。整个塔距地面高达50米,塔的底层是博物馆和电影馆。博物馆内收藏有代表伊朗国各个时期的展品,而电影馆可容纳500名观众,5部电影机可同时在银幕上放映,来自世界各地的游客都有机会在电影馆了解到伊朗的悠久历史、灿烂文化、山河风光和名胜古迹。从塔底沿着275级石阶拾级而上,可到达塔顶的瞭望台(也可以选择在西北和东南乘电梯通往每一层面,也可直达顶部的瞭望台),德黑兰山川的秀美风光尽收眼底。

站在瞭望台上,放眼四周,金碧辉煌的古老建筑、直贯云霄的摩天大厦、宽阔笔直的林荫大道;从城南的火车站开始,向北越过旧城区、新城区,直到海拔1600米以上的厄尔布尔士山麓的避暑胜地——德黑兰全城景色尽收眼底。此时,你所站立的地方不仅是伊朗文化的观景台,而且是伊朗几千年厚重历史的凝结体。

82. 为什么柬埔寨国旗上绘有吴哥窟的造型

国旗是一个国家的象征，代表着一个国家政治特色和历史文化传统。不同的色彩、造型、图案往往代表不同的寓意。柬埔寨的国旗主体颜色为红色和蓝色，它们分别象征着吉祥喜庆、光明和自由。而最为特别的是红色宽面中间绘有白色镶金边的吴哥庙，吴哥庙象征柬埔寨悠久的历史和古老的文化。为什么一座庙宇就可以代表一个国家的历史文化呢？以吴哥庙为代表的吴哥窟又有什么深厚的历史背景呢？

吴哥窟所属的吴哥古迹与中国的长城、埃及的金字塔和印度尼西亚的婆罗浮屠并称为东方四大奇迹。1992年，联合国教科文组织把整个吴哥古迹列为世界文化遗产。吴哥古迹的精髓在大、小吴哥，如今所说的吴哥窟其实是小吴哥，它是所有吴哥古迹中保存最完好的庙宇，以建筑宏伟与浮雕细致闻名于世。吴哥窟占地面积400多平方千米，是世界上最大的庙宇。城外围的护城河明亮如镜，全长5700米，河面宽度达到190米。城内的建筑布局规模宏大、设计古朴庄严，然而细部装饰却瑰丽精致、令人流连忘返。其错综复杂的建筑群主要由台基、回廊、蹬道、宝塔建筑群构成。其精致的塔建筑全部用巨大的石块垒砌而成，塔建筑上面刻有形态各异、生动逼真的雕像，有的甚至高达数米，最大的石块竟有8吨以上。吴哥寺中的五座莲花蓓蕾似的塔建筑高耸入云，如骰子的五点梅花飘然在大地上。其中四个宝塔较小，排四方，一座大宝塔巍然矗立正中，这样的布局类似印度金刚宝座式塔，是高棉民族引以为傲的精湛建筑。

吴哥窟曾被这样赞誉："可比美世界上任何最杰出的建筑成就，而毫不逊色。"每个来到这里的人都为它代表的辉煌的高棉文化所折服。

83.悉尼的游客选择悉尼塔参观用餐的原因是什么

许多人在还不了解澳大利亚和美丽的海滩都市悉尼的时候,都会被犹如即将乘风出海的白色风帆造型的悉尼歌剧院、横贯海湾如同长虹的港湾大桥先声夺目地进入视野。其实还有同悉尼歌剧院、港湾大桥一样成为悉尼三大地标性建筑之一的悉尼塔同样值得一去。而参观悉尼塔的同时,许多悉尼游客也必会选择用餐,这是为什么呢?

首先,悉尼塔位于悉尼中心商务区,是许多游客购物娱乐的必经之地。该塔是澳大利亚第二高的独立建筑(塔高305米),并且也是南半球第二高的观光塔(仅次于新西兰的天空塔)。塔楼的瞭望观景平台,全部用透明窗户隔离,以360°的全景视野展现方圆70千米内的景物——近处大片大片的高楼林立、繁华的街道、阳光下无边无际的绿地;远处碧海蓝天相接难

辨边际、海湾里进进出出的巨轮、轻盈游荡的帆船、波光粼粼的大海和金色耀眼的沙滩——这一切好像是一幅美丽的图画，一个美丽的梦。

　　游客也可以选择在塔内的旋转型瞭望餐厅一边用餐一边欣赏城市美景，旋转型餐厅设计新颖美观，独具特色，其转台直径为43米，可同时接待330名顾客。餐厅每转一圈，需105分钟，这意味着你可以细细品味悉尼的美食与美景啦！

　　悉尼塔是一个多功能建筑物，它的外表呈金黄色，在阳光的照射下显得格外壮观。选择在一个阳光灿烂的日子去悉尼塔观光，去品味美食、欣赏美不胜收的海景吧！

84. 为什么郑王塔被称为"泰国的埃菲尔铁塔"

在遥远的东方也有一座"埃菲尔铁塔",它可不是巴黎埃菲尔铁塔的仿制品哦!在文化同样深厚博大的泰国,传说中的"泰国埃菲尔铁塔"就是郑王塔!

郑王塔是泰国境内规模最大的大乘舍利式宝塔,整座塔高达79米。它有别于埃菲尔铁塔的钢型镂空结构,整座塔古朴而庄重,显示了佛家的慈悲包容。塔身呈方形并且层数很多,每层的面积不同,呈现从下往上逐层递减的特点。外表以复杂的雕刻装饰,并镶嵌了各种色彩的陶瓷片、玻璃和贝壳,远远望去洁白神圣,敬仰之意油然而生。

郑王塔位于泰国的国庙之一郑王庙内,郑王庙是纪念泰国第41代君王、华裔民族英雄郑昭的寺庙。郑昭曾率军驱逐缅甸敌人,拯救河山,暹罗(泰国古称)人民对他的爱国英雄行为十分敬佩,拥戴他为暹罗国王。郑昭于1767年12月登上王位,并迁都吞武里,建造了郑王庙。此后的继位者们对寺庙进行了修缮。身为皇家寺院的郑王庙,在每年还会有个"僧人换衣节",在这个节日里寺院的僧侣都换上国王布施的黄色袈裟。这是佛教徒的一个重大节日,也是泰国佛教最隆重、最热闹的祭典之一。

郑王塔内庙堂现供有郑王像及遗物,殿内悬挂有中国式的灯笼。参观郑王庙不仅缅怀这位光复河山的英雄,而且可以了解到泰中两国的亲缘关系和深厚友谊。

85. 南亚第一高塔与通信业有什么关系

巴生河与鹅麦河交汇处的吉隆坡有着缤纷多彩的文明。群山环抱之中，吉隆坡塔直贯云霄的气势延伸了繁荣的现代文明。位于咖啡山上的吉隆坡塔，高421米，于1995年建成，是当时世界第四高塔，主要用途为通信塔。它与邻近的双峰塔同为吉隆坡的地标及象征。

吉隆坡塔的建设始于1991年，工程一共分三个阶段。吉隆坡塔的塔基没有打桩，而是直接使用了一片独立式的土地。在工程第二阶段期间，约有5万立方米的混凝土在31小时内连续不断浇灌，建成吉隆坡塔的塔基和地下楼层，这也创下了马来西亚建筑史上的纪录。该塔于1996年对外开放，正式迎接翘首盼望的公众。吉隆坡塔的造型综合多种建筑艺术，塔尖以回教尖塔作参考，塔顶的装饰仿效伊朗王宫的玻璃窗而设计，真可谓汲取百家之长啊！其整体风格是将东方的文化神韵与西方先进建造技术相结合，并且反映了马来西亚的伊斯兰文化传统。塔座出入口大厅的穹顶装饰有华美的玻璃，这被称为"穆加纳斯"的布置形式是一种波斯的建筑风格，这种风格下的穹顶看似一个闪烁的巨大钻石，在阳光下耀眼夺目。

吉隆坡塔本是一座无线通信塔，建筑初衷是提升无线通信的质量以及广播传输的清晰度。在1994年9月13日举行了封顶仪式，仪式中首相马哈迪为吉隆坡塔安置天线杆，这虽是一个小小的举动，但表明的是无线通信业的一个里程碑建筑的落成。

86. 涡石灯塔在海里的礁石上观望什么

灯塔是位于海岸、港口或河道用以指引船只方向的建筑物。灯塔大部分都有塔的外形，透过塔顶的透镜系统，将光芒射向海面以达到照明的目的。灯塔之光的作用是为海洋中的航船指明方向；对于船员来说，那道光还代表着希望，是家人盼望的温暖目光。在遥远的英吉利海峡波浪不断冲刷的涡石礁上，涡石灯塔依然耸立在海天之间，依旧"守候"着……

涡石灯塔并不是唯一建在此地的海中灯塔，在这里前仆后继地建立了3座灯塔，而现存的涡石灯塔则是建立在这里的第4座灯塔。最早的灯塔是由哈里·温斯坦利设计的，并于1696～1699年用木材建造而成，很不幸的是这座灯塔在1703年的一次大风暴中被席卷而去。第2座灯塔虽然在木材中加入了铁，但不幸毁于1755年的一场大火。1756～1759年，约翰·斯米顿抛弃了原先的木材而改用石料建造了第3座灯塔，也就是被广传的斯米顿灯塔——这座灯塔拥有壮丽的外观和独特的混凝土材料，很快就被人们熟知。这座灯塔一直使用到1882年，此后才建造了目前高出海面40米的涡石灯塔。

用灯塔来帮助海员引航已经有几千年的历史了，但自从20世纪40年代以来，随着电子导航科技的发展，灯塔在航行中变得不再重要。过去仅美国就有1500座灯塔，而如今全世界仍在使用的灯塔也不过1400座左右。

现在的涡石灯塔像当今绝大多数灯塔一样，它不再由人操作，而是用机械装置来保持运转。它孤零零地竖立在英吉利海峡距陆地22千米处的一块礁石上，高高的塔身耸立在蔚蓝的大海上，俯视着周围漫无边际的海水，还在观望守候着船只的到来……

87. 埃及亚历山大灯塔的火焰为什么燃烧了千年而不熄

世界公认的古代七大奇观中名列首位的吉萨金字塔和第七位的亚历山大灯塔，同是古埃及人民奉献给世界的礼物。不同于金字塔宗教性和权位的象征，实用性较强的亚历山大灯塔，纯粹是为航行的方便而建的，它是更加亲民的"民生工程"。因而当时的人们一提到埃及，首先想到的就是雄伟神奇的灯塔。

灯塔用浅色大石块建造而成，该塔由三部分组成，即底层是一个由混凝土铸成的正方形地基，中部塔身是八角形的，顶层为圆柱形的灯火楼。灯塔高135米，其雄伟英姿屹立于1000多年之久，但最终毁于地震。灯塔从公元前281年建成点燃起，直到后来的公元641年埃及被阿拉伯大军征服其火焰才熄灭。它日夜不熄地燃烧了近千年之久！这在人类火焰灯塔的历史上是首屈一指的。它是怎么做到的呢？一些研究者认为，在塔身正中间有一个相当于现代电梯的人工升降装置，用以运送火炬燃料及各种物品，借此灯塔的火炬才能长年日夜不熄。

这座灯塔的建造是源于一次惨痛的事故。公元前280年秋，埃及的皇家喜船在亚历山大港不幸触礁沉没，喜船上从欧洲娶来的新娘以及陪同的达官贵人，无一幸免全部葬身鱼腹。这一悲痛事故使得举国震惊。经过40年的努力，在法洛斯岛的东端一座宏伟的灯塔建立起来了，人们将它称为"亚历山大法洛斯灯塔"。在当时，它曾以400英尺（121.9米）的高度当之无愧地成为世界上最高的建筑物。

这座雄伟的灯塔在后来的地震中被完全摧毁，其旧址开辟为埃及航海博物馆。但在离亚历山大城48千米处的阿布－西拉，有一个缩小的灯塔复制品，供游人观赏凭吊。

88. 为什么方尖塔被当作太阳神的象征

方尖塔又称为方尖碑，它同金字塔一样是古埃及文明最富有特色的象征，是古埃及送给人类的伟大礼物。它外形"英气逼人"挺拔而直插云霄。碑尖以金铜或金银合金包裹，当东方的旭日将第一缕阳光照耀在碑尖时，它像降临的太阳神一样闪闪发光，古埃及人民把这种景象当做太阳神的降临，以祝福世界的祥和安宁。

方尖碑一般以重达几百吨的整块花岗岩雕成，它最原始的作用是作为法老的记功柱。从方尖碑四面镌刻的象形文字上可以洞悉石碑的三种不同目的——用以朝拜太阳神的宗教性，用以纪念法老的纪念性和装饰性，方尖碑也是埃及帝国权威的强有力的象征。

制作方尖碑时，首先选好一处山石，然后利用原始工具将方尖碑从山石中"切"出来。当时只有简单的刀、斧、凿等工具，将几百吨重的花岗岩"切"出来，其工程的艰巨可想而知。据记录，从石矿开凿出这种独块石料，再从阿斯旺运到底比斯，费时至少7个月。在考古发现的一处古埃及皇陵描述如何从尼罗河上用驳船运送方尖碑的图画中，清楚描绘了在到达目的地后人们是如何将方尖碑抬上斜坡，又是如何再将它竖直立于基座上的。从中折射出工程的艰巨和人类的勤劳与坚毅不得不令人慨叹。

目前，全世界现有源自古埃及的方尖碑29座，如今只有9座方尖碑保存在埃及本土。世界上著名的、常为人提及的方尖碑，分别是巴黎协和广场及罗马圣彼得大教堂广场的方尖碑。它们置身于络绎不绝的人群中、川流不息的车流中，在高大的建筑群中显得矮小了许多，宗教性、神秘性也丧失了许多，失去了在广袤无垠平原大漠中的壮丽风采。在静默中，不会说话的建筑展示的还有人类的悲哀。

89.美国纽约自由塔的前世与今生有着怎样的故事

2001年9月11日,曼哈顿下城经历了美国历史上最黑暗的一天——恐怖袭击造成世贸双子塔顷刻倒下,近3000名无辜的人命丧黄泉,一时间整座城市阴霾弥漫,恐惧的阴云笼罩在人们心头让所有人久久无法释怀……如今那片被称为"归零地"的世贸中心废墟和它的周围又会是什么景象呢?

距"9·11"事件后的12年,也就是2013年5月10日,在原世界贸易中心旧址上,纽约自由塔——世界贸易中心一号大楼拔地而起。纽约自由塔设计高度是1776英尺(541.3米),这个高度具有特殊意义,它象征着美国通过独立宣言的1776年。以美国权威建筑机构CTBUH所审核的高度计算而言,自由塔落成之时,楼高仅次于在2010年1月4日完工的哈利法塔(前称迪拜塔)。但由于1776英尺这个数字具有美国独立、自由的特殊象征意义,故此纽约自由塔的高度不会再追加了。

世界贸易中心一号大楼的高度、比例、顶部天线以及看起来像被刀削过的外观都显示了它简单的对称结构。从不同的角度观赏这座建筑物,世界贸易中心一号大楼有时看起来就像曾经的双子塔楼呈长方形,有时看起来则像个巨大的方尖碑。根据世界贸易中心一号大楼主设计师丹尼尔·里伯斯金的设计初衷,为了更形象地表达"自由"的意义,该塔最上部的圆形尖顶的造型与纽约"自由女神像"手中高擎的火炬外形相似。

由自由塔巨大的基座俯瞰"9·11"纪念馆,游览至此,便可以亲身了解纽约世贸中心的前世今生。

90. 为什么缅甸仰光金塔被称为世界最贵的塔

缅甸仰光金塔这座"高贵"的塔身贴有7000千克黄金,头顶足足有76克拉大钻石,足以让所有来到此地的人赞叹不已。

原来,缅甸信徒捐出金砖或者直接将金箔贴于佛塔来表示他们的虔诚。金塔之所以是信众的圣地,是因为这里珍藏着8根释迦牟尼的头发,此外还供奉着拘留孙佛的杖、正等觉金寂佛的净水器和迦叶佛的袍。金塔初建时只有20米,后来历经多次修缮。其中相当有名的是15世纪的德彬瑞体国王曾用相当于他和王后体重4倍的金子和大量宝石,对金塔作了"华丽变身"。现在塔的高度能达到112米,这要归功于阿瑙帕雅王的儿子-辛漂信王,他在1774年修缮金塔时,不仅增加了高度,而且在塔顶安装了新的金伞。

始建于2500年前的仰光金塔,远远望去瑰丽堂皇、雍容华贵。塔身贴有1000多张纯金箔,四周挂有1.5万多个金、银铃铛,清风徐徐,铃声叮叮,清脆悦耳,声传四方。塔顶的金属宝伞重达1260千克,宝伞周围嵌有红宝石664颗,翡翠551颗,金刚石443颗。金塔四周有68座小塔,它们用木料或石料建成,有的似钟,有的像船,形态各异。

气势宏伟的仰光金塔与柬埔寨的吴哥窟、印度尼西亚的婆罗浮屠被誉为"东南亚三大古迹"。到缅甸,若不一览金塔的辉煌,就太遗憾了。

106

91. 胡夫金字塔有着怎样的未解之谜

胡夫金字塔是埃及金字塔群中最大的一座，又称吉萨大金字塔，这座高大宏伟的建筑矗立在埃及首都开罗西南的吉萨高地上。这座古埃及第四王朝的法老胡夫的金字塔主要作为其陵墓，是世界上最大、最高的埃及式金字塔。为什么用金字塔作为陵墓呢？原来在古埃及，每位法老从登基之日起，就开始着手为自己修筑陵墓，以求死后超度为神。

胡夫金字塔原建筑高度为146.59米，因年久风化，塔顶剥落10米，现高136.59米。塔身一共用去230万块石料，这些石料平均每块重2.5吨，体积如同一辆小汽车，而大的甚至超过15吨。假如把这些石块凿成平均1立方英尺的小块，把它们沿赤道排列，其长度相当于赤道周长的三分之二。因而胡夫金字塔耗用1万多各工匠的劳动，历时约20年的时间才完成这伟大的人类奇迹。

英国《伦敦观察家报》的编辑约翰·泰勒发现胡夫金字塔底角不是传统的60°，而是51°51′，从而发现每壁三角形的面积等于其高度的平方。另外，塔高与塔基周长之比就是地球半径与周长的比，如此说来，用塔高来除底边的2倍，即可求得圆周率。类似这样的奥秘还有很多，例如，塔高乘以10亿就等于地球与太阳之间的距离；穿过金字塔的子午线刚好是地球的陆地和海洋的平均分割线；金字塔的重心位置正好是各大陆引力的中心……

其实蕴藏在胡夫金字塔上的不仅有数学、地理、天文的秘密，还有一些运输、建筑的秘密，这些秘密一直吸引着人们去探索、去发现，你也快快成为其中的一员吧！

92.科威特水塔的奇异之处在哪里

提起科威特，人们就不禁要赞美道："科威特人民用大塔美化了自己的国家。"由此可见科威特的"大塔"造型一定十分美观。

埃及《金字塔报》曾对科威特水塔这样描述："这是3座造型别致，既是富有纪念意义的名胜，又是旅游观赏海湾风光的眺望'塔'，是科威特人引以为豪的现代化标志性建筑和科威特国家文明的象征。"这3座矗立于科威特城东北角的水塔，全部是钢筋水泥建筑，虽然建筑风格相同，但它们的历史和功能各有千秋。

这3座中个头最大的储水塔高187米，它是浅蓝色带有花纹的球形水塔，它与其右边的高147米的水塔储存水容量相同，可供科威特王宫和科威特城市民使用。主塔塔身上下是两个大小不等的球体，上端的小圆球体宛如空中花园，"花园"内是旋转咖啡厅，在餐厅的窗边举目四望，科威特繁华的市容及风光秀丽的海湾美景便可尽收眼底。第3座塔形状如埃及方尖碑，它并不是水塔，而是一座灯塔。这座灯塔通过聚光灯照亮主塔和二号塔，不仅为黑夜增加了绚丽的美感、立体的庄重感，而且又能为过往海湾的各国船只起到照明导航的作用。

为保证居民的生活用水和工业生产用水，科威特到目前一共有6座海水淡化厂。这6座水厂的水充实着市中的30多座锥形储水塔，如今，这些储水塔与旅游观光巧妙地结合起来，使得储水塔不仅成为科威特具有一大特色的标志性建筑，而且成了该国的一道独特的风景线。

93. 乌尔姆大教堂钟塔有什么奥秘

说起来这座大教堂的建筑历史,不禁令人瞠目结舌——这座钟塔竟然前后历时近600年!这其中凝结着多少建筑工匠的智慧和劳动啊!这座举世瞩目的世界最高的教堂钟塔——乌尔姆大教堂钟塔,呈现的是典型的哥特式建筑。

塔楼一共有768级台阶,然而通道仅1人多宽。拾级而上到达塔顶的平台,可以看到美丽的多瑙河宛如一条丝带飘落在乌尔姆市。并且还可以看到爱因斯坦诞生地的全貌,乌尔姆市的美景便可以尽收眼底。这座神秘的大教堂钟塔究竟有怎样的历史故事呢?

乌尔姆大教堂最初是由德意志查理曼大帝提出建造的,后来当地的建筑师恩辛格及其儿孙三代付出很多心血,却也没能完成这项伟大的工程。直到1890年,在建筑师拜尔的主持下,终于完成了这项世界伟大的奇迹,也实现了恩辛格的愿望。建成后的乌尔姆大教堂共有3座塔楼,其中东侧双塔矗立,位于西侧的教堂主塔高入云天,是世界最高的教堂钟塔。

无论是战争的损毁,还是风雨的摧残,乌尔姆大教堂钟塔始终屹立而不倒,被当地人称作"上帝赐予的礼物"。

94. 威尔逊天文台太阳塔与海耳望远镜有什么渊源

在太平洋的彼岸，有一座远近闻名的威尔逊山，这座山上矗立着威尔逊山太阳塔。威尔逊山太阳塔有着独特的功能——被用作天文台。1904年，美国天文学家海耳带领他的团队，在威尔逊山上建造了这座天文台。它之所以在国际名塔中享有盛誉，是因为塔内存放着当时世界上最大的望远镜——海耳望远镜。威尔逊天文台太阳塔与海耳望远镜有什么联系呢？

原来，在海耳就任天文台第一任台长的时候，将一架口径约为1米的望远镜也带到了这里。这架望远镜是海耳的父亲送给他的，因此，这架望远镜对海耳来说有着重要意义。但是，这个望远镜却在2年后的大地震中几乎被毁坏。后来，海耳望远镜几经修复才得以重新被启用。这架望远镜为天文观测工作做出了不可磨灭的贡献。

1969年，人们为了纪念海耳，把威尔逊山天文塔和帕洛马山天文台合并在一起，并称为海耳天文台。而在后来的很长一段时间里，这座天文台在光谱分析、星云观测、测光等方面功绩卓著，为当今的天文研究成就奠定了基础。

从此，威尔逊天文台太阳塔和它的首任台长海耳永远地被威尔逊山铭记，被世人铭记。

互动问答
Mr. Know All

001. 关于塔的解释，下列哪一项是错误的？

A. 塔原是佛教特有的一种高耸的建筑物

B. 像塔形的建筑物或器物在名称上会加上"塔"

C. "象牙塔"是著名的历史遗迹

002. 文峰塔的主要作用是什么？

A. 用以祈祷文昌运盛

B. 礼佛

C. 供人居住

003. 下列哪种塔不存在于现实生活中？

A. 法国埃菲尔铁塔

B. 西安大雁塔

C. 象牙塔

004. 下列哪座塔实际存在于东方？

A. 巴别塔

B. 大理千寻塔

C. 胡夫金字塔

005. 塔建筑最初起源于哪里？

A. 中国

B. 日本

C. 印度

006. 在中国，"塔"的称呼出现在什么时期？

A. 先秦时期

B. 宋朝时期

C. 隋唐时期

007. 窣堵坡是什么？

A. 是一种南亚和东南亚国家常见的建筑形式

B. 是一种中国传统的建筑形式

C. 是一种欧洲常见的建筑形式

008. 中国的楼阁起源于什么时期？

A. 先秦时期

B. 宋朝时期

C. 隋唐时期

009. "塔"这个词是如何出现的？

A. 在翻译过程中创造出来的

B. 直接使用他国词语

C. 甲骨文中创造的

010. "浮屠"指的是什么？

A. 佛塔

B. 桥梁

C. 台阶

011. "塔"的"土"字旁有什么意思？

A.用土做的
B.埋藏
C.里面装土

012. 下列哪座塔不是道教古塔？

A.敦煌道士塔
B.北京白云观罗公塔
C.开封铁塔

013. 通信塔的作用是什么？

A.发射电视信号
B.发射移动、联通、交通卫星定位信号
C.观测大气边界层的气象要素

014. 什么塔可以帮助我们避免雷电的袭击？

A.电视塔
B.气象塔
C.避雷塔

015. 什么塔可以帮助我们预测未来的天气？

A.气象塔
B.通信塔
C.观光塔

016. 楼阁式塔是根据什么对塔进行分类的？

A.样式
B.排列位置
C.所纳藏的物品

017. 孤立式塔是根据什么对塔进行分类的？

A.样式
B.排列位置
C.所纳藏的物品

018. 舍利塔是根据什么对塔进行分类的？

A.样式
B.排列位置
C.所纳藏的物品

019. 关于塔的分类，下列哪一项是错误的？

A.方便人们对塔称呼和记忆
B.随着塔不断地发展，塔的种类越来越少
C.单一的分类方法已经无法满足人们的认知要求

020. 有关土塔的记载最早可以追溯到什么时期？

A. 黄帝时期

B. 商周

C. 秦汉

021. 土塔属于什么样式的塔？

A. 过街桥式

B. 覆钵式塔

C. 楼阁式

022. 土塔主要分布在哪些地方？

A. 中国沿海地区

B. 中国东北地区

C. 中国西北地区

023. 下列哪座塔是土塔？

A. 西夏王陵的夯土高塔

B. 嵩岳寺塔

C. 山西飞虹塔

024. 下列哪种材料造的塔最多？

A. 砖

B. 木

C. 土

025. 砖塔为什么要模仿木构？

A. 充分体现塔之美

B. 木材在中国传统建筑中占据主导地位

C. 发挥砖本身的优势

026. 砖塔在中国的哪个朝代得到迅猛发展？

A. 隋唐时期

B. 辽宋时期

C. 明清时期

027. 下列哪座塔是中国现存最高的砖塔？

A. 杭州六和塔

B. 河北料敌塔

C. 西安小雁塔

028. 下列哪个国家对石材的应用比较广泛？

A. 中国

B. 古希腊

C. 日本

029. 下列哪一项不属于石材的优势？

A. 坚固

B. 易于行变

C. 易于雕刻

030.为什么石塔的塔形较小？

A.石塔对工艺技术的要求很高

B.石塔在搭建时多用小石块

C.外观上更好看

031.四川的邛崃石塔是用什么材料建造的？

A.木材

B.砖

C.石材

032.什么是琉璃？

A.一种金属

B.一种水晶

C.一种瓷器

033.琉璃塔本质上属于什么材质的塔？

A.木塔

B.石塔

C.砖塔

034.为什么用琉璃作为建塔的材料？

A.抵挡风化作用

B.价格低廉

C.便于采集

035.下列哪一座塔不属于琉璃塔？

A.山西飞虹塔

B.香山琉璃塔

C.应县木塔

036.下列哪一项是人们最早使用的金属？

A.铜

B.铁

C.铝

037.铜建筑有哪些特点？

A.不便于铸造、装饰

B.化学性质不稳定

C.有金属光泽

038.桂林铜塔的主要建造者是谁？

A.朱炳仁

B.梁思成

C.鲁班

039.下列哪座塔是中国现存最古老的铜塔？

A.桂林铜塔

B.显通寺铜塔

C.华严铜塔

040. 中国古代铁塔的建筑目的是什么？

　A.充当工艺品
　B.发射电视广播信号
　C.观察气象

041. 甘露寺铁塔建于什么时期？

　A.宋朝
　B.明朝
　C.当代

042. 玉泉寺棱金铁塔主要是用什么材料搭建的？

　A.木
　B.石
　C.生铁

043. 关于铁塔，下列哪一项是错误的？

　A.中国铁塔行业发展态势良好
　B.铁塔通过现代技术改变了原有塔的烦琐工艺
　C.铁塔在现代社会中主要是充当一个工艺品的角色

044. 金塔、银塔一般出现在中国的哪些地区？

　A.地势平坦的地区
　B.佛教盛行并且经济条件特别好的地区
　C.贫穷落后的地区

045. 北京故宫博物院的小金塔建于什么时期？

　A.两宋
　B.隋唐
　C.清朝

046. 关于金塔、银塔，下列哪一项说法是错误的？

　A.有些金塔、银塔只是一种摆在佛像面前的小型装饰品
　B.金塔、银塔的样式大多数为楼阁式的或者密檐式的
　C.小金塔全身都是用白银制作而成的，外嵌有各种珍贵宝石

047. 楼阁式塔是根据塔的什么特点来划分的？

　A.样式
　B.材料
　C.所供奉的物品

048.楼阁式塔的建造来源于什么？

A.中国的园林
B.中国的楼阁
C.中国的宫殿

049.下列哪一项属于仿楼阁式塔？

A.陕西西安的小雁塔
B.湖北武汉的兴福寺塔
C.北京天宁寺塔

050.楼阁式塔在中国的分布如何？

A.南多北少
B.北多南少
C.南北均半

051.亭阁式塔也叫作什么？

A.单层塔
B.金刚宝座式塔
C.经幢式塔

052.亭阁式塔建造的主要目的是什么？

A.供人休息
B.供奉佛像或墓主人雕像
C.供人观赏

053.亭阁式塔和亭子有什么相似之处？

A.建筑目的
B.外形
C.平面结构

054.下列哪座塔属于亭阁式塔？

A.山西五台山佛光寺东南墓塔
B.山西飞虹塔
C.西安大雁塔

055.楼阁式塔和密檐式塔有什么关系？

A.没有关系
B.密檐式塔是由楼阁式塔发展而来的
C.楼阁式塔是由密檐式塔发展而来的

056.楼阁式塔每层之间通过什么相连接？

A.木质楼梯
B.铁质楼梯
C.砖质楼梯

057.密檐式塔起源于什么时期？

A.东汉或者南北朝
B.隋唐
C.两宋辽金

十万个为什么

058. 下列哪座塔不属于密檐式塔？

A. 河南嵩岳寺塔

B. 云南千寻塔

C. 西安大雁塔

059. 经幢式塔的最高峰出现在什么时期？

A. 唐朝

B. 宋朝

C. 清朝

060. 河北赵县陀罗尼经幢在样式上属于什么塔？

A. 楼阁式塔

B. 密檐式塔

C. 经幢式塔

061. 经幢式塔随着时代的发展变成了什么？

A. 墓塔和经塔

B. 经塔和幢塔

C. 墓塔和幢塔

062. 下列哪一项说法是错误的？

A. 经幢式塔是模仿佛教宝幢的塔

B. 经幢式塔大约是公元8世纪进入中国的

C. 经幢式塔兴起于唐朝，一直延续到清朝

063. 金刚宝座式塔源于哪里？

A. 中国

B. 印度

C. 朝鲜

064. 北京真觉寺又叫什么？

A. 五塔寺

B. 妙湛寺

C. 西黄寺

065. 下列哪一项是中国已知的建造历史最久的金刚宝座塔？

A. 内蒙古呼和浩特金刚座舍利宝塔

B. 清净化域塔

C. 昆明官渡金刚宝座式塔

066. 过街式塔是在什么时期盛行起来的？

A. 隋唐

B. 两宋

C. 元

067. 过街式塔是什么教派常用的建筑样式？

A. 藏传佛教

B. 道教

C. 基督教

068.下列哪一项不是过街式塔保留下来很少的原因？

A.统治者没有那么多精力去建造大量的过街式塔

B.过街式塔影响了交通

C.游牧民族的居住习惯是居无定所的

069.关于北京居庸关过街式塔，下列哪一项是错误的？

A.此塔建于东汉

B.在清朝时期遭遇了大火的重创，现仅存塔基

C.位于北京居庸关

070.花塔和花有什么关系？

A.花塔中供奉着鲜花

B.花塔外形像一朵盛开的花束

C.没有关系

071.花塔在什么时期逐渐消亡？

A.唐朝

B.宋朝

C.元朝

072.下列哪一项是花塔的顶部？

A.楼阁式塔

B.亭阁式塔

C.密檐式塔

073.下列哪一项属于花塔？

A.六和塔

B.雷峰塔

C.河北曲阳修德寺塔

074.下列哪一项是错误的？

A.宝箧印塔由印度人传入尼泊尔后再传入中国

B.宝箧印塔全都是造型小的

C.宝箧印塔都为金属铸造

075.下列哪座塔是宝箧印塔？

A.会元寺塔

B.报恩寺塔

C.大雁塔

076.下列哪个朝代时宝箧印塔有了广泛的发展？

A.宋朝

B.五代时期

C.汉朝

077.喇嘛塔是按照什么对塔进行分类的？

A.排列方式

B.所供奉物品

C.建筑材料

078. 喇嘛塔的源头是什么？

A. 中国的楼阁

B. 欧洲的城堡

C. 印度的窣堵坡

079. 下列哪座塔属于喇嘛塔？

A. 西安大雁塔

B. 开封铁塔

C. 辽阳大喇嘛塔

080. 一般把基座上的台阶叫作什么？

A. 金刚圈

B. 天地盘

C. 伞盖

081. 舍利塔中供奉的是什么？

A. 黄金

B. 舍利子

C. 瓷器

082. 下列哪座塔属于舍利塔？

A. 西安大雁塔

B. 开封铁塔

C. 法门寺合十舍利塔

083. 临清舍利塔建于什么朝代？

A. 东汉

B. 宋朝

C. 明朝

084. 下列哪座塔与通州的燃灯塔、杭州的六和塔、扬州的文峰塔并称"运河四大名塔"？

A. 法门寺合十舍利塔

B. 临清舍利塔

C. 山西飞虹塔

085. 塔林数量上的多少与什么有关系？

A. 寺院的规模

B. 群众的需求

C. 宗教信仰

086. 建造塔林的目的是什么？

A. 供奉历代高僧的遗骸

B. 观赏

C. 参拜天地

087.为什么少林寺塔林被称为少林寺的祖莹?

A.少林寺塔林供奉着少林寺历代高僧的遗骸
B.少林寺塔林造型千奇百怪
C.少林寺塔林形状样式别具一格

088.有"中国塔林第二"之称的是下列哪座塔林?

A.河南少林寺塔林
B.宁夏青铜峡塔林
C.山东灵岩寺塔林

089."有寺无塔平淡淡,有塔无寺孤单单"表达了什么?

A.塔不需要建在寺院之中
B.塔需要建在寺院之中
C.塔和寺院没有关系

090.文峰塔中"塔"一般象征什么?

A.砚台
B.纸
C.笔

091.下列哪座塔建在大江大湖之滨?

A.苏州虎丘塔
B.杭州六和塔
C.开封铁塔

092.下列哪座塔位于高山巨石之上?

A.苏州虎丘塔
B.杭州六和塔
C.开封铁塔

093.按照佛教规定,塔建筑的层数应当和什么相等?

A.相轮数目
B.佛像数目
C.僧人数目

094.中国佛塔建筑的层数通常由谁规定?

A.方丈和高僧
B.香客
C.普通僧人

095.早期印度的塔大约有多少层?

A.1～15层
B.15层以上
C.固定20层

096.下列哪一项的说法是错误的?

A.香火旺盛的寺庙中塔的层数比较多
B.埋藏高僧佛骨舍利的灵骨塔比较高大
C.人烟稀少的寺庙中塔的层数比较多

097.地宫位于塔的什么部位？

A.塔身的下方
B.塔基的下方
C.塔刹的顶端

098.塔的地宫中一般埋葬着什么？

A.佛骨舍利以及佛经、佛像、供品等陪葬品
B.金银珠宝
C.什么都没有

099.中国早期的塔建筑一般把舍利子放在哪里？

A.塔的塔刹上
B.塔基的夯土中
C.塔基下的地宫

100.塔基可以分为哪几个部分？

A.地宫和基座
B.基台和基座
C.基台和地宫

101.须弥座起源于什么地方？

A.印度
B.中国
C.日本

102."石阁云台"是哪座塔基座的美称？

A.北京居庸关过街式塔
B.浙江普陀多宝塔
C.开封繁塔

103.浙江普陀的多宝塔的基座有什么特点？

A.基座正中有一个门洞
B.基座上雕有用各种文字刻画的《造像功德记》
C.每层基座的上方都矗立着一根由螭首承接的望柱

104.塔身的内部结构分为哪两种？

A.中空和外空
B.中空和实心
C.实心和外空

105.下列哪种类型塔的塔身多为中空结构？

A.楼阁式塔
B.舍利塔
C.密檐式

106. 为了防止中柱变质一般采用什么材料建造?

A. 软木
B. 砖石
C. 夯土

107. 下列哪座塔的塔身收分比较大?

A. 山西的飞虹塔
B. 北京的天宁寺塔
C. 南京的栖霞寺舍利塔

108. 塔刹位于塔的什么部位?

A. 顶端
B. 中间
C. 底端

109. 塔刹是下列哪种建筑的缩影?

A. 印度窣堵坡
B. 中国楼阁
C. 欧洲城堡

110. 下列哪个部分不属于塔刹的组成部分?

A. 刹顶
B. 刹身
C. 基座

111. 下列哪一项的说法是错误的?

A. 华盖一般为13级，表达对佛的敬意
B. 刹顶由仰月、宝珠或火焰宝珠等物件组成
C. 塔刹虽然气势宏伟，但是结构并不坚固

112. 下列哪一项不属于塔的装饰物?

A. 雕刻
B. 佛龛
C. 塔刹

113. 佛龛也叫作什么?

A. 壸门
B. 灯龛
C. 塔铃

114. 塔楼一般安置在佛殿的什么位置?

A. 前沿
B. 后沿
C. 中心

十万个为什么

115. 建造塔楼的目的是什么？

A. 表达"塔即是佛、佛即是塔"的信念
B. 使整个古塔显得更加雄伟庄重
C. 吸引游客

116. 塔上的雕刻一般雕在什么材料上？

A. 泥土
B. 石材
C. 木材

117. 塔上的雕刻一般位于塔的什么部位？

A. 塔基
B. 塔身
C. 塔刹

118. 有关塔身上雕刻的文字记载最早可以追溯到中国的什么时期？

A. 南北朝
B. 两宋
C. 明清

119. 塔上雕刻的最常见的是什么？

A. 植物类
B. 动物类
C. 佛像

120. 关于壶门，下列哪一项是错误的？

A. 壶门是塔前的雕塑
B. 壶门一般为方形或扁平形
C. 壶门属于雕刻类装饰

121. 壶门中位于上下两端的线条叫什么？

A. 须弥塔
B. 叠涩
C. 束腰

122. "束腰"位于壶门的什么部位？

A. 上端
B. 中间的收缩部位
C. 下端

123. 壶门在哪个朝代得到了发扬光大？

A. 东汉
B. 南北朝
C. 宋辽金

124. 木塔一般是什么颜色的？

A. 木质色彩
B. 色彩多样
C. 金属色泽

125. 北方的塔一般是什么颜色的？

A. 土红色

B. 白色

C. 青灰色

126. 人们在塔的墙上刷白灰是为了什么？

A. 装饰塔

B. 提高塔内的亮度

C. 破坏塔的结构

127. 北京市云居寺的红塔为什么是红色的？

A. 塔曾经被涂刷成红色

B. 用红色材质建造

C. 群众误传

128. 下列哪一项不属于塔的文字装饰？

A. 塔匾

B. 对联

C. 塔基

129. "潮声自演大乘法，塔影常圆无住身"描写的是下列哪座塔？

A. 杭州六和塔

B. 应县木塔

C. 西安大雁塔

130. 下列哪一项上面记录了建塔缘起、布施名单？

A. 砖铭

B. 塔铭

C. 塔碑

131.《多宝塔碑》是由谁创造的？

A. 颜真卿

B. 柳公权

C. 米芾

132. 塔铃也叫什么？

A. 铜铃

B. 惊雀铃

C. 铃铛

133. 塔铃最早出现在什么时期？

A. 东汉

B. 北魏

C. 唐宋

134. 塔铃一般选用什么材质？

A. 木

B. 砖

C. 铜或铁

135. 塔铃一般采用什么形状？

A.圆形

B.方形

C.椭圆形

136. 塔楼位于塔的什么部位？

A.塔基

B.塔刹

C.正脊中心部位

137. 塔楼最早从什么时候开始出现？

A.北魏

B.北宋

C.唐朝

138. 下列哪一项的说法是错误的？

A.各种式样的塔都有塔刹

B.塔楼是一种预先做好的小型塔式楼阁

C.各朝代的佛教所有建筑上都有塔楼

139. 双塔的造型源于什么？

A.一枝独秀

B.两佛而坐

C.三佛

140. 双塔制度最早起源于什么时期？

A.东汉

B.南北朝

C.两宋

141. 兴教寺三塔是为了纪念谁而建？

A.唐玄奘

B.鉴真

C.文成公主

142. 崇圣寺三塔在排列上属于什么？

A.单塔

B.双塔

C.三塔

143. 下列哪座塔被用作墓塔？

A.比萨斜塔

B.埃菲尔铁塔

C.北京妙应寺白塔

144. 下列哪座塔是喇嘛塔？

A.大雁塔

B.威尔逊太阳塔

C.五台山塔院寺大白塔

145. 塔最初的功能是什么？
   A.照明
   B.墓碑
   C.观赏

146. 下列哪一项不是墓塔的一般形制？
   A.覆钵式塔
   B.经幢式塔
   C.密檐式塔

147. 塔在本源上最广泛的用途是什么？
   A.作为崇拜物
   B.存物
   C.储水

148. 下列哪座塔归类为体量较小的塔？
   A.千寻塔
   B.飞虹塔
   C.多宝琉璃塔

149. 下列哪座塔为多宝塔形制？
   A.多宝琉璃塔
   B.大理三塔
   C.大雁塔

150. 下列哪一项是地宫的别称？
   A.龙宫
   B.阎王殿
   C.中天门

151. 关于法门寺，下列哪一项是错误的？
   A.法门寺位于云南大理
   B.法门寺原名为阿育王寺
   C.法门寺距今约有1700多年历史

152. 关于法门寺的地宫，下列哪一项是错误的？
   A.地宫里藏有四枚珍贵的舍利子
   B.地宫藏有佛祖佛指舍利子
   C.地宫内的金银器是宋朝皇帝下旨制造的

153. 下列哪一项被称为"关中塔庙始祖"？
   A.蓬莱阁
   B.陕西法门寺
   C.黄鹤楼

154. 塔在交通中的作用是什么？
   A.照明
   B.导航引渡
   C.观赏

155. 下列哪座塔在交通方面贡献巨大？

A. 大雁塔

B. 巴黎铁塔

C. 福州罗星塔

156. 最早的灯塔网络体系是什么人创造的？

A. 阿拉伯人

B. 古罗马人

C. 印度人

157. 世界上第一座灯塔是下列哪座塔？

A. 土耳其处女塔

B. 温州江心屿双塔

C. 法洛斯灯塔

158. 军事家将塔用于军事的原因是什么？

A. 塔比较坚固

B. 塔可以登高远眺

C. 建塔容易

159. 塔的军事优越性体现在哪里？

A. 不仅高，而且可以隐蔽、住歇

B. 建筑高

C. 造价低

160. 下列哪座塔不作为军事用途？

A. 法罗斯灯塔

B. 料敌塔

C. 应县木塔

161. 关于料敌塔，下列哪一项是错误的？

A. 以供奉舍利之名

B. 我国现存最高的一座塔

C. 修建了 50 多年

162. 宝塔山位于下列哪座城市？

A. 延安

B. 井冈山

C. 遵义

163. 西湖宝石山上有什么著名的塔？

A. 铁塔

B. 保俶塔

C. 玲珑塔

164. "玉峰塔影"描绘的是哪里的场景？

A. 北京玉泉山

B. 北京香山

C. 北京百望山

165. 关于玉峰塔，下列哪一项是错误的？

    A.玉峰塔位于北京玉泉山

    B."玉峰塔影"成为北海公园的一处借景

    C.乾隆皇帝盛赞"玉峰塔影"

166. 跳伞塔的作用是什么？

    A.训练运动员跳伞

    B.作为墓碑

    C.指导航向

167. 下列哪一项是国内最高的跳伞塔？

    A.重庆两路口跳伞塔

    B.河南开封跳伞塔

    C.华北电力大学跳伞塔

168. 下列哪一项是亚洲第一座跳伞塔？

    A.重庆两路口跳伞塔

    B.河南开封跳伞塔

    C.华北电力大学跳伞塔

169. 下列哪一项不是重庆人对跳伞塔有着深厚感情的原因？

    A.它为重庆体育事业的发展和人民的健康生活做出了巨大贡献

    B.它表达了重庆人民誓死与日寇抗争的决心

    C.蜂拥而至的开发商把这座塔当作标志建筑物从而宣传开发项目

170. 电视塔建得比较高的主要原因是什么？

    A.显示气派

    B.扩大信号传播范围

    C.游客需求

171. 东方明珠广播电视塔是下列哪个地区的标志性建筑物？

    A.上海

    B.北京

    C.天津

172. 中原福塔位于什么地方？

    A.郑州

    B.上海

    C.武汉

十万个为什么

173. 下列哪一项是错误的？

A.中原福塔和旅游事业相结合

B.电视塔可以作为一个区域的标志性建筑

C.上海的东方明珠电视塔比中央广播电视塔低

174. 冷却塔用下列哪种物质作为循环冷却剂？

A.水

B.矿石

C.金属

175. 冷却塔的外置式水轮机是仿造什么建成的？

A.蜗牛

B.青蛙

C.猫

176. 冷却塔在工业运用方面的广阔前景主要是因为什么？

A.节约成本

B.坚固耐用

C.外形美观

177. 关于冷却塔，下列哪一项是错误的？

A.冷却塔的冷却过程是凭借水的蒸发过程来完成的

B.冷却塔在空调冷却、冷冻、塑胶化工行业中起着不可替代的作用

C.冷却塔消耗能源比较高

138. 一般把具有储水和排水功能的塔称作什么？

A.水塔

B.储排水塔

C.排水塔

179. 博雅塔位于下列哪所大学的校园里？

A.清华大学

B.北京大学

C.浙江大学

180. 博雅塔原来的作用是什么？

A.墓碑

B.指导航运

C.储水和排水

181. 博雅塔的设计思路源于下列哪座塔？

A. 西安大雁塔
B. 通州燃灯塔
C. 杭州六和塔

182. 对古塔破坏最严重的是哪种灾害？

A. 地震
B. 风化剥蚀
C. 酸雨

183. 下列哪一项不是地震对塔的破坏作用？

A. 破坏塔身的建筑结构
B. 造成地宫坍塌
C. 塔身涂漆逐渐剥落

184. 下列哪一项与地震的破坏程度无关？

A. 塔的体量
B. 塔的结构
C. 塔的造价

185. 古塔遭受地震后应该怎么办？

A. 对受损的塔进行修复
B. 涂漆
C. 无需做任何处理

186. 下列哪座古塔容易受到风化剥蚀的影响？

A. 飞虹塔
B. 应县木塔
C. 开封铁塔

187. 下列哪个因素与风化剥蚀程度大小无关？

A. 塔的建筑材料
B. 塔所在地区气候
C. 塔的高矮

188. 怎样减少风化侵蚀？

A. 修建外塔
B. 化学药剂喷涂防护
C. 加固塔基

189. 雷电是一种什么现象？

A. 放电现象
B. 充电现象
C. 充放电现象

190. 雷火炼殿的成因是什么？

A. 武当山上的雷电威力大
B. 大殿本身相当于一个金属导体
C. 大殿内有大量木质结构

191. 塔为什么会遭受到雷电的破坏？

A. 塔刹相当于避雷针

B. 塔是木材做的

C. 塔刹相当于引雷装置而没有接地设施

192. 如何避免塔遭受雷电的袭击？

A. 在塔上加装避雷针和接地设施

B. 将塔改为木质结构

C. 在塔顶装上引雷设施

193. 下列哪种材质的塔最容易受到火灾危害？

A. 木

B. 砖

C. 石

194. 塔的什么构造造成了火灾的蔓延？

A. 桶状形塔身

B. 圆形地宫

C. 尖形塔刹

195. 2013年4月8日下午3点中国哪座塔遭受了火灾？

A. 应县木塔

B. 苏州虎丘塔

C. 北京永定塔

196. 下列哪一项不是广胜寺三绝之一？

A. 飞虹塔

B. 元代壁画

C. 大雁塔

197. 飞虹塔的造型属于下列哪种类型？

A. 楼阁式

B. 密檐式

C. 亭台式

198. 下列哪座塔被誉为"中国第二塔"？

A. 飞虹塔

B. 虎丘塔

C. 开封铁塔

199. 飞虹塔历时多少年建成？

A. 10年

B. 12年

C. 11年

200. 嵩山位于我国河南省哪个地区？

A. 开封

B. 登封

C. 洛阳

201. 嵩岳寺塔是一座什么材质的塔？

A. 砖塔
B. 石塔
C. 铁塔

202. 嵩岳寺塔有多少年的历史？

A. 1500 年
B. 1300 年
C. 2000 年

203. 下列哪一项不是嵩岳寺塔的特征？

A. 总高 41 米左右
B. 15 层
C. 中央塔室为正六角形

204. 千寻塔建于什么朝代？

A. 明朝
B. 宋朝
C. 唐代

205. 下列哪一项不是千寻塔的特征？

A. 塔顶筑有白鸽
B. 塔高 69 米
C. 塔身 16 层

206. 为什么千寻塔有蛙声回音？

A. 塔顶四角各有一只铜铸的金鹏鸟
B. 塔的叠涩密檐对声的反射和会聚
C. 塔心中空

207. 千寻塔的全名是什么？

A. 宝刹千寻塔
B. 法界通灵明道乘塔
C. 通灵宝塔

208. 释迦塔的全称是什么？

A. 应县木塔
B. 佛宫寺释迦塔
C. 料敌释迦塔

209. 下列哪一项不是"世界三大奇塔"之一？

A. 金字塔
B. 释迦塔
C. 埃菲尔铁塔

210. 下列哪一项不是释迦塔的特征？

A. 塔身为楼阁式建筑
B. 全塔无一颗铁钉
C. 木塔使用的斗拱有 24 种

211. 下列哪一项不是释迦塔的珍贵文物？

A. 塔上有珍贵的文人题词
B. 两枚佛舍利、沉香木
C. 佛教"七珍"

212. 玄奘将取回的佛经保存在了哪里？

A. 法门寺塔
B. 大雁塔
C. 飞英塔

213. 西安是多少朝代的古都？

A. 十三
B. 十二
C. 九

214. 下列哪一项是错误的？

A. 大雁塔被视为古都西安的象征
B. 不到大雁塔，不算到西安
C. 大雁塔坐落在广胜寺西院内

215. 下列哪一项不属于大雁塔的特征？

A. 是中国宋朝佛教建筑艺术的杰作
B. 大雁塔原称慈恩寺西院浮屠
C. 塔身7层，通高64.5米

216. 二七纪念塔是什么材料建造的？

A. 木质
B. 钢筋混凝土
C. 砖塔

217. 二七纪念塔是为了纪念什么而修建的？

A. 纪念二七大罢工
B. 纪念二七广场建成
C. 纪念某次战役胜利

218. 关于二七纪念塔，下列哪一项是错误的？

A. 塔的平面结构呈东西相连的两个五边形
B. 塔高14层
C. 塔顶是高耸塔刹

219. 下列哪一项是错误的？

A. 二七纪念塔是郑州市的标志性建筑
B. 该塔整点报时演奏《义勇军进行曲》乐曲
C. 二七纪念塔现名为二七纪念馆

220. 飞英塔坐落于哪里？

A. 湖州
B. 杭州
C. 苏州

221. 关于飞英塔，下列哪一项是错误的？

A. 外塔通高55米
B. 内塔为15米高
C. 内塔为木塔

222. 飞英塔名称来源于什么？

A. 人名
B. 佛家语"舍利飞轮，英光普照"
C. 皇帝赐名

223. 下列哪句诗不是描述飞英塔的？

A. 忽登最高塔，眼界穷大千
B. 卞峰照城郭，震泽浮云天
C. 不畏浮云遮望眼，自缘身在最高层

224. 下列哪一项是错误的？

A. 意大利比萨斜塔比虎丘塔早建200多年
B. 虎丘塔位于苏州城虎丘山上
C. 虎丘山与吴王夫差有关

225. 现存的虎丘塔始建于什么时候？

A. 宋代
B. 后周
C. 唐朝

226. 关于虎丘塔，下列哪一项是错误的？

A. 虎丘塔高47.7米
B. 重6000多吨
C. 虎丘塔与飞英塔一样是塔中塔

227. 下列哪一项不属于虎丘塔倾斜原因？

A. 人为破坏
B. 塔基土厚薄不均
C. 塔墩基础设计构造不完善

228. 下列哪座塔不属于金陵三大寺之一？

A. 灵谷寺
B. 天界寺
C. 白马寺

229. 为什么要建造大报恩寺和九级琉璃宝塔？

A. 传说永乐皇帝为纪念其生母贡妃
B. 供奉舍利
C. 宣扬佛法

230. 为何琉璃塔可以昼夜通明？

A. 塔上每夜点燃长明塔灯140盏
B. 佛光普照
C. 塔上有夜明珠

十万个为什么

231. 下列哪一项不属于琉璃塔的特点？
  A. 是金陵四十八景之一
  B. "中世纪世界七大奇迹"之一
  C. 建造费时近 15 年

232. 开封铁塔是用什么材料建造的？
  A. 钢筋水泥
  B. 钢铁
  C. 琉璃砖

233. 开封铁塔始建于什么朝代？
  A. 唐朝
  B. 宋朝
  C. 元朝

234. 下列哪一项不属于开封铁塔的特征？
  A. 开封铁塔为琉璃宝塔
  B. 铁塔高 53.88 米
  C. 铁塔位于七朝古都开封

235. 开封铁塔是什么构造？
  A. 仿木砖质结构
  B. 木质结构
  C. 石质结构

236. 白塔是使用什么材料建造的？
  A. 砖、木、石
  B. 钢筋、混凝土
  C. 钢筋，水泥

237. 白塔的顶部放有什么特殊物品？
  A. 金币
  B. 舍利盒
  C. 珠宝

238. 舍利盒是使用什么材料做成的？
  A. 纯铜
  B. 纯银
  C. 纯金

239. 舍利盒内共装有多少颗舍利子？
  A. 16 颗
  B. 19 颗
  C. 20 颗

240. 恬淡守一真人塔是纪念谁的？
  A. 罗公
  B. 邱真人
  C. 老子

241. 为什么称罗公为恬淡守一真人？
    A.他淡泊名利，不肯进宫
    B.他道行高
    C.他云游四方

242. 关于真人塔，下列哪一项是错误的？
    A.通高约10米
    B.清代前期大型石刻艺术品
    C.八角形仿密檐式

243. 真人塔与一般佛塔的塔刹哪里不相同？
    A.无宝珠
    B.塔顶小八角亭式并冠以大圆珠
    C.有七彩琉璃

244. 塔尔寺在什么地方？
    A.青海
    B.西藏
    C.新疆

245. 塔尔寺寺院一共有多少座建筑？
    A.9100多座
    B.9200多座
    C.9300多座

246. 塔尔寺里闻名的如意宝塔一共有几座？
    A.7座
    B.8座
    C.9座

247. 塔尔寺寺院建造于什么朝代？
    A.元朝
    B.明朝
    C.清朝

248. 曼飞龙塔是下列哪个民族的重要建筑？
    A.壮族
    B.回族
    C.傣族

249. 曼飞龙塔已经有多少年的历史了？
    A.750多年
    B.780多年
    C.800多年

250. 为什么称曼飞龙塔为笋塔？
    A.因为其名字为笋塔
    B.因为其形似高大的竹笋
    C.因为其建在竹林之中

251. 曼飞龙塔融合了几种建筑风格？

　A.2 种

　B.3 种

　C.4 种

252. 崇圣寺三塔位于哪里？

　A.大理

　B.重庆

　C.武汉

253. 关于崇圣寺三塔，下列哪一项是错误的？

　A.主塔高约 80 米

　B.两座小塔为八角形的砖塔

　C.千寻塔为密檐式空心砖塔

254. 崇圣寺三塔的地理位置有什么优越之处？

　A.位于经济繁华都市

　B.位于城郊不易受到城市污染

　C.背靠苍山，面临洱海，自然风光秀美，旅游资源丰富

255. 下列哪一项不是修建崇圣寺三塔的原因？

　A.宣传佛教

　B.以此镇地

　C.增加政府收入

256. 前卫斜塔的倾斜角度是多少？

　A.10°

　B.11°

　C.12°

257. 前卫斜塔位于什么地方？

　A.黑龙江

　B.辽宁

　C.吉林

258. 前卫斜塔为什么会倾斜呢？

　A.建造之初的本意而为

　B.地震

　C.大风吹歪

259. 为什么说前卫斜塔还具有艺术之美？

　A.塔身雕刻有精美花纹

　B.塔倾斜程度高

　C.塔为砖塔之最

260. 下列哪一项不是料敌塔的别称？

　A.定州塔

　B.开元寺塔

　C.千寻塔

261. 定州塔的高度是多少？

　　A.84 米
　　B.80 米
　　C.110 米

262. "砍尽嘉山树，修成定州塔"说明了什么？

　　A.嘉山树木多
　　B.建塔工程之浩大和繁重
　　C.植被破坏严重

263. 关于料敌塔，下列哪一项是错误的？

　　A.用于瞭望金国敌情
　　B.全塔壁面均刷白色
　　C.砖檐都用叠涩砌法

264. 童谣中唱到的白塔寺的本名是什么？

　　A.妙应寺
　　B.白马寺
　　C.少林寺

265. 寺中的白塔有多久的历史了？

　　A.700 多年
　　B.600 多年
　　C.500 多年

266. 关于白塔，下列哪一项是错误的？

　　A.该塔为覆钵式塔建筑
　　B."八月八，绕白塔"的习俗讲的就是妙应寺白塔
　　C.该塔是元世祖铁木真下旨修建的

267. 围绕着白塔的塔身挂着多少只风铃？

　　A.34 只
　　B.36 只
　　C.38 只

268. 涌泉寺位于下列哪座山上？

　　A.高盖山
　　B.石灵山
　　C.鼓山

269. 千佛陶塔是用什么材料建造的？

　　A.石头
　　B.陶土
　　C.钢筋水泥

270.关于千佛陶塔,下列哪一项是错误的?

A.1973年被转移到了涌泉寺

B."庄严劫千佛宝塔"是千佛陶塔之一

C.两座塔均为八角9层

271.每座千佛陶塔的塔壁上有雕塑佛像多少尊?

A.1065尊

B.1078尊

C.1080尊

272.中国最大的塔林在哪里?

A.白马寺

B.悬空寺

C.少林寺

273.有最大塔林的少林寺位于哪座名山之上?

A.嵩山

B.黄山

C.泰山

274.少林寺塔林占地多少?

A.14000平方米

B.15000平方米

C.16000平方米

275.下列哪一项是世界文化遗产?

A.少林寺塔林

B.开封铁塔

C.千寻塔

276.为什么纪家塔被载入世界吉尼斯纪录?

A.该塔为世界最小的塔

B.该塔为最古老的纪念塔

C.该塔为最早的砖塔

277.纪家塔是一座什么性质的塔?

A.通信塔

B.纪念塔

C.水塔

278.传说纪家塔是为了纪念谁而建造的?

A.纪九公

B.纪九图

C.以上两人

279.纪家塔为什么建7层?

A.7年的恩情

B.7次施救

C.7本账本

280. 世界最早的斜塔是下列哪一座塔？

A.比萨斜塔
B.护珠塔
C.英国布里托斜塔

281. 护珠塔的倾斜度是多少？

A.5°52′52″
B.6°52′52″
C.7°52′52″

282. 护珠塔是由什么建造成的？

A.米浆、石灰、沙子拌在一起制成的"古代混凝土"
B.石头
C.砖

283. 护珠塔为什么会倾斜？

A.建造成的倾斜
B.地震造成的
C.塔基被挖

284. 最"瘦"的塔是由什么材料建造的？

A.水泥
B.钢铁
C.石头

285. 塔儿湾石造像塔有多少层？

A.12层
B.13层
C.14层

286. 塔儿湾石造像塔的经宽仅仅有多少？

A.1.4米
B.1.5米
C.1.6米

287. 塔儿湾石造像塔是什么朝代开始建造的？

A.唐朝
B.宋朝
C.元朝

288. 比萨斜塔位于哪个国家？

A.意大利
B.中国
C.法国

289. 比萨斜塔的倾斜角度约为多少？

A.4°40′
B.5°40′
C.3°40′

290. 比萨斜塔什么时候竣工？

A.1453 年

B.1562 年

C.1372 年

291. 下列哪一项不属于比萨斜塔的特征？

A.它是世界上最斜的塔

B.该塔大约建于 10 世纪

C.该塔倾斜与地基有关

292. 埃菲尔铁塔的主要建造材料是什么？

A.铁

B.钢铁

C.合成金属

293. 为什么说埃菲尔铁塔在建筑学上有独特地位？

A.它是世界上第一座钢铁结构的高塔

B.它是世界上最高的塔

C.它是世界上第一座铁塔

294. 法国人为什么要建造埃菲尔铁塔？

A.迎接世界博览会和纪念法国大革命 100 周年

B.追赶世界潮流

C.为了建设世界上第一座钢铁结构高塔

295. 下列哪一项是错误的？

A.埃菲尔铁塔共有 1711 级阶梯

B.埃菲尔铁塔在施工过程中从未发生伤亡事故

C.该塔建造历时 3 年

296. 下列哪座塔位于中美洲？

A.埃菲尔铁塔

B.千寻塔

C.库库尔坎金字塔

297. 中美洲金字塔的用途是什么？

A.国王的墓穴

B.观赏

C.举行祭祀和典礼

298. 下列哪一项属于玛雅文明？

A.唐三彩

B.中美洲金字塔

C.泰姬陵

299. 下列哪一项是在现实中不存在的塔？
   A.大雁塔
   B.象牙塔
   C.中美洲金字塔

300. 菩提伽耶大塔与下列哪一位有关？
   A.华佗
   B.玄奘法师
   C.佛陀

301. 下列哪一项是菩提伽耶大塔的别称？
   A.大雁塔
   B.大觉塔
   C.大圣塔

302. 下列哪个地点是释迦牟尼悟道成佛之处？
   A.菩提伽耶大塔
   B.武当山
   C.少林寺

303. 伦敦塔的官方名称是什么？
   A.女王陛下的宫殿与城堡
   B.伦敦塔
   C.英国伦敦塔

304. 下列哪一项不是伦敦塔的用途？
   A.监狱
   B.国王的宫殿
   C.祭祀

305. 伦敦塔的建筑风格是什么？
   A.诺曼底式
   B.哥特式
   C.中式

306. 被称作英国"故宫"的是什么塔？
   A.中美洲金字塔
   B.埃菲尔铁塔
   C.伦敦塔

307. 大本钟位于下列哪座城市？
   A.巴黎
   B.纽约
   C.伦敦

308. 下列哪一项属于大本钟的建筑风格？
   A.哥特式
   B.古希腊式
   C.古罗马式

309. 大本钟已经有多久的历史了？

A. 100 多年
B. 150 多年
C. 200 多年

310. 大本钟位于下列哪条河流沿岸？

A. 泰晤士河
B. 多瑙河
C. 莱茵河

311. 阿扎迪自由纪念塔位于哪里？

A. 市中心
B. 阿扎德家
C. 梅赫拉巴德国际机场附近

312. 阿扎迪自由纪念塔的塔身是用什么建造的？

A. 钢筋水泥
B. 大理石
C. 钢铁

313. 阿扎迪自由纪念塔为了纪念波斯帝国建国多少周年？

A. 2000 年
B. 2500 年
C. 3000 年

314. 阿扎迪自由纪念塔的风格是什么？

A. 哥特式风格
B. 民族风格
C. 现代风格

315. 吴哥窟在哪一年被列为世界文化遗产？

A. 1992 年
B. 1993 年
C. 1994 年

316. 吴哥窟的塔建筑是用什么建造而成的？

A. 钢铁
B. 钢筋水泥
C. 石块

317. 吴哥窟中最大的石块有多重？

A. 5 吨以上
B. 8 吨以上
C. 10 吨以上

318. 吴哥古迹代表着哪一族的精湛文化遗址？

A. 高丽族
B. 高棉族
C. 高山族

319. 下列哪一项不是悉尼三大地标性建筑之一？

A. 悉尼歌剧院
B. 港湾大桥
C. 帝国大厦

320. 下列哪一项是错误的？

A. 悉尼塔是澳大利亚第二高独立建筑
B. 新西兰的天空塔高于悉尼塔
C. 悉尼塔位于悉尼郊区

321. 关于悉尼塔的特征，下列哪一项是错误的？

A. 塔内有旋转型瞭望餐厅
B. 旋转餐厅最多可接待 300 名顾客
C. 悉尼塔有 360°观景平台

322. 悉尼塔的旋转餐厅每转一圈需要多久？

A. 105 分钟
B. 100 分钟
C. 120 分钟

323. 郑王庙最高的塔有多少米高？

A. 78 米
B. 79 米
C. 80 米

324. 下列哪一项是郑王塔塔身外镶嵌的装饰物？

A. 金、银、铜
B. 玉、宝石、珍珠
C. 陶瓷、玻璃、贝壳

325. 泰国郑王庙的建造是为了纪念下列哪位伟人？

A. 拉玛二世
B. 孟莱大帝
C. 郑王郑昭

326. 郑王庙里的郑王塔是一座什么性质的塔？

A. 纪念塔
B. 祈福塔
C. 灯塔

327. 吉隆坡塔是一座什么性质的塔？

A. 纪念塔
B. 祈福塔
C. 通信塔

328. 吉隆坡塔是哪一年开始建造的？

A. 1990 年
B. 1991 年
C. 1992 年

329.吉隆坡塔用什么材料建造的？

A.钢铁

B.石头

C.混凝土

330.下列哪位名人参加了吉隆坡的封顶仪式？

A.马哈迪首相

B.阿都拉首相

C.拉曼首相

331.涡石灯塔是建在这里的第几座灯塔？

A.第2座

B.第3座

C.第4座

332.涡石塔高出海面多少米？

A.30米

B.40米

C.50米

333.哈里·温斯坦利设计的灯塔因什么而被毁？

A.地震

B.海啸

C.风暴

334.现在全世界还有多少座灯塔在使用？

A.1400座左右

B.1500座左右

C.1600座左右

335.亚历山大灯塔位于下列哪个国家？

A.埃及

B.古罗马

C.希腊

336.亚历山大灯塔是被什么摧毁的？

A.地震

B.雷电

C.战争

337.建造亚历山大灯塔用了多长时间？

A.30年

B.40年

C.50年

338.亚历山大灯塔有多高？

A.300英尺

B.400英尺

C.500英尺

339. 方尖塔是下列哪个国家的象征?

A. 埃及
B. 罗马
C. 希腊

340. 方尖塔是用什么建造的?

A. 整块钢铁
B. 整块花岗岩
C. 混凝土浇灌

341. 方尖塔为什么会在日出时发光?

A. 本身会发光
B. 上面装有灯
C. 反射太阳光

342. 全世界一共有多少座方尖塔?

A. 28 座
B. 29 座
C. 30 座

343. 美国历史上最黑暗的一天是哪一天?

A. 2001 年 9 月 11 日
B. 2013 年 5 月 10 日
C. 2004 年 9 月 11 日

344. 下列哪项被称作自由塔的"前世"?

A. 哈利法塔
B. 纽约地标世贸双子塔
C. 迪拜塔

345. "9•11"恐怖事件导致多少人无辜丧命?

A. 2000 左右
B. 3000 左右
C. 4000 左右

346. 下列哪座建筑可以由自由塔俯瞰到?

A. 曼哈顿河
B. 自由女神像
C. "9•11"纪念馆

347. 缅甸仰光金塔塔身贴有多少千克黄金?

A. 7000 千克
B. 1774 千克
C. 1260 千克

348. 下列哪一项不是金塔圣地的珍藏?

A. 8 根释迦牟尼的头发
B. 拘留孙佛的杖
C. 迦叶佛的净水器

349. 15世纪的德彬瑞体国王对大金塔有什么修整？

A.在塔顶安装了金伞
B.用相当于他和王后体重4倍的金子和大量宝石对此塔作了一次修整
C.对塔下的地宫做了修缮

350. 阿瑙帕雅王之子辛漂信王对塔有什么新修缮？

A.增添金砖
B.镶上白玉
C.在塔顶安装金伞

351. 胡夫金字塔在哪里？

A.古罗马
B.埃及
C.希腊

352. 胡夫金字塔高多少米？

A.146.59米
B.150.59米
C.155.59米

353. 建成这座金字塔总共用了多少块石料？

A.200万块
B.230万块
C.250万块

354. 胡夫金字塔的底角是多少？

A.60°
B.51° 51′
C.45°

355. 科威特"大塔"一共有几座？

A.1座
B.2座
C.3座

356. 科威特大塔是用什么建造的？

A.钢筋水泥
B.石头
C.钢铁

357. 科威特3座塔的主塔是什么类型的塔？

A.通信塔
B.纪念塔
C.储水塔

358. 科威特一共有多少储水塔？

A.20多座
B.30多座
C.40多座

359. 乌尔姆大教堂钟塔的高度在当时排名第几？

A. 世界第一
B. 世界第二
C. 世界第三

360. 乌尔姆大教堂钟塔是什么建筑的风格？

A. 巴洛克建筑风格
B. 中国建筑风格
C. 哥特式建筑风格

361. 乌尔姆大教堂中共有几座塔楼？

A. 1 座
B. 2 座
C. 3 座

362. 钟塔所在的教堂是下列哪位帝王开始建造的？

A. 路易四世
B. 查理曼大帝
C. 拿破仑大帝

363. 威尔逊太阳塔是一座什么性质的塔？

A. 观光塔
B. 灯塔
C. 天文塔

364. 威尔逊太阳塔中的天文望远镜口径有多大？

A. 约 40 厘米
B. 约 5 米
C. 约 1 米

365. 海耳天文台于哪一年被正式更名？

A. 1966 年
B. 1969 年
C. 1904 年

366. 下列哪位是威尔逊天文太阳塔的第一任台长？

A. 威尔逊
B. 海耳
C. 罗斯福

Mr. Know All
互动问答**答案**

001	002	003	004	005	006	007	008	009	010	011	012	013	014	015	016
C	A	C	B	C	C	A	A	A	B	C	B	C	A	A	A
017	018	019	020	021	022	023	024	025	026	027	028	029	030	031	032
B	C	B	A	B	C	A	A	B	B	B	B	A	C	B	C
033	034	035	036	037	038	039	040	041	042	043	044	045	046	047	048
C	A	C	A	C	A	B	A	A	C	C	B	C	C	A	B
049	050	051	052	053	054	055	056	057	058	059	060	061	062	063	064
B	A	A	B	C	A	B	A	A	C	B	C	A	B	B	A
065	066	067	068	069	070	071	072	073	074	075	076	077	078	079	080
C	C	A	C	A	B	C	B	C	B	A	B	C	C	C	A
081	082	083	084	085	086	087	088	089	090	091	092	093	094	095	096
B	C	C	B	A	A	A	C	B	C	B	A	A	A	A	C
097	098	099	100	101	102	103	104	105	106	107	108	109	110	111	112
B	A	A	B	A	A	B	A	B	A	B	A	A	C	C	C
113	114	115	116	117	118	119	120	121	122	123	124	125	126	127	128
A	C	A	B	A	A	C	A	B	B	C	A	C	B	A	C
129	130	131	132	133	134	135	136	137	138	139	140	141	142	143	144
A	A	B	A	B	C	A	C	A	B	B	A	C	C	C	C
145	146	147	148	149	150	151	152	153	154	155	156	157	158	159	160
B	C	A	C	A	A	A	C	B	B	C	B	C	B	B	A
161	162	163	164	165	166	167	168	169	170	171	172	173	174	175	176
B	A	B	A	B	A	B	C	B	A	A	C	A	A	A	A
177	178	179	180	181	182	183	184	185	186	187	188	189	190	191	192
C	A	B	C	A	C	C	A	A	B	B	C	B	A	C	A
193	194	195	196	197	198	199	200	201	202	203	204	205	206	207	208
A	A	C	C	A	B	B	A	A	C	C	A	B	B	B	
209	210	211	212	213	214	215	216	217	218	219	220	221	222	223	224
A	C	A	B	A	C	A	B	C	B	A	C	B	C	A	
225	226	227	228	229	230	231	232	233	234	235	236	237	238	239	240
B	C	A	C	A	A	C	C	B	B	A	B	C	B	A	
241	242	243	244	245	246	247	248	249	250	251	252	253	254	255	256
A	C	B	A	C	B	C	B	B	B	A	A	C	C	C	
257	258	259	260	261	262	263	264	265	266	267	268	269	270	271	272
B	B	A	C	A	B	A	A	C	B	C	B	A	B	C	
273	274	275	276	277	278	279	280	281	282	283	284	285	286	287	288
A	A	A	A	B	C	C	B	B	A	C	C	B	A	B	
289	290	291	292	293	294	295	296	297	298	299	300	301	302	303	304
B	C	A	B	A	A	C	C	B	B	C	B	A	A	C	
305	306	307	308	309	310	311	312	313	314	315	316	317	318	319	320
A	C	C	A	B	A	C	A	B	B	A	C	B	B	C	C
321	322	323	324	325	326	327	328	329	330	331	332	333	334	335	336
B	A	B	C	C	A	C	B	C	A	C	B	C	A	A	A
337	338	339	340	341	342	343	344	345	346	347	348	349	350	351	352
B	B	A	B	C	B	C	A	C	C	B	C	B	C	C	A
353	354	355	356	357	358	359	360	361	362	363	364	365	366
B	B	C	A	C	B	A	C	C	B	C	C	B	B

冷却塔可从系统环境中吸收热量并排放到外部环境,以达到降温目的。

比萨斜塔的倾斜是由于土质结构不坚实导致的。

埃及金字塔主要用来作为法老的墓。

中美洲金字塔是古代僧侣、贵族们用来祭祀或者举行盛大典礼的地方。

埃菲尔铁塔被法国人称为"首都的瞭望台"。

大本钟塔是伦敦的标志性建筑之一,它的钟声已敲响了一个半世纪。

悉尼塔的瞭望观景平台,全部用透明窗户隔离。

方尖碑最早是法老的记功柱,四面镌刻有象形文字。

Mr. Know All

从这里,发现更宽广的世界……

Mr. Know All

小书虫读科学